LOS PILARES PRINCIPALES DEL ÉXITO

CÓMO CONSEGUIR EL ÉXITO Y TRIUNFAR EN EL TRABAJO EN LOS NEGOCIOS Y EN LA VIDA

Autor: Juan Carlos Cibeira

Este libro está dedicado a todas aquellas personas que a lo largo de mi vida me han servido de inspiración. De modo muy especial a mi familia. A mis maestros que me ayudaron a ser quien soy y por supuesto a mis amigos y a todos aquellos compañeros de viaje con los que he compartido tantas cosas a lo largo de todos estos años.

Gracias a todos por formar parte de mi vida.

© Los Pilares Principales Del Éxito

© 2020, Juan Carlos Cibeira . Reservados todos los derechos para la edición en audiolibro, eBook y papel.

Ningún fragmento de este texto puede ser reproducido, transmitido ni digitalizado sin la expresa autorización del autor. La distribución de este libro a través de Internet o de cualquier otra vía sin el permiso del autor es ilegal y perseguible por la ley.

Índice

PRÓLOGO 1

1. NO MALGASTES TU TIEMPO 6
2. DESEO DE APRENDER 8
3. TALENTO 11
4. COMPETIR 14
5. EL COMPROMISO 17
6. ACTITUD Y APTITUD 19
7. EL ÉXITO 22
8. PREPÁRATE PARA EL ÉXITO 25
9. SÉ AUDAZ 27
10. CRECER 29
11. EL VALOR DE LA EXPERIENCIA 32
12. LÍDER Y LIDERAR 34
13. QUÍTATE LOS MIEDOS 38
14. SOÑAR 42
15. QUERER 44
16. HACER 47
17. METAS 50
18. GESTIONA TU TIEMPO 53
19. AUTODISCIPLINA 57

20. NO MENTIR..60

21. SE EQUILIBRADO..63

22. SEMBRAR PARA RECOGER 67

23. POSITIVIDAD 70

24. AQUÍ Y AHORA..74

25. TOMA EL CONTROL DE TU VIDA...76

26. SOLUCIONA LOS PROBLEMAS EN EL DÍA 79

27. INTELIGENCIA EMOCIONAL 82

28. PREDICA CON EL EJEMPLO...85

29. LA IMPORTANCIA DEL SALUDO 87

30. TRATA BIEN A TUS EMPLEADOS..90

31. SÉ HUMILDE..94

32. ACEPTA LOS CAMBIOS 96

33. SÉ PRODUCTIVO 99

34. CELEBRA TUS ÉXITOS...104

35. RESPETA LAS REGLAS 106

36. SÉ ORGANIZADO 108

37. SÉ AGRADECIDO..112

38. APRENDE A ESCUCHAR 114

39. CAPACIDAD DE DECISIÓN 117

40. ACEPTA LA CRÍTICA..119

41. SÉ PERSISTENTE 122

42. APROVECHA LAS OPORTUNIDADES 125

43. NO SEAS LÍDER DE OVEJAS. SÉ LÍDER DE LOBOS 129

44. AMA TU TRABAJO 132

45. CREE EN TI 135

46. TODO TIENE CONSECUENCIAS 140
47. APRENDE A VENDER 142
48. TIRAR LA VACA 147
49. LA SUERTE 150
50. NO TEMAS AL FRACASO 153
51. MEJORA TODO LO QUE HAGAS 156
52. TEN VISIÓN 158
53. NO DESCUIDES LA FAMILIA 161
54. MOTIVACIÓN 163
55. HAZ QUE LAS COSAS SUCEDAN 167
56. CONTROLA TUS FINANZAS 170
57. LAS RELACIONES PÚBLICAS 173
58. NO BUSQUES PRETEXTOS 175
59. CADA UNO TIENE LO QUE SE MERECE 181
60. CLONAR EL ÉXITO 183
61. LA MENTE MILLONARIA 187

PRÓLOGO

¿Sabías que el 97 % de todos los niños al nacer son genios?

Siempre me he preguntado: ¿por qué el 97% de los humanos al nacer somos genios? Y, de ser así, ¿por qué unos triunfan y otros no? Esta pregunta me la estuve haciendo durante mucho tiempo.

"Los Pilares Principales Del Éxito" es el resultado de una gran encuesta realizada por nuestra consultoría mientras dirigía en la Asociación Catalana de Empresarios a más de quinientos emprendedores, empresarios y profesionales de éxito del mundo, con la finalidad de conocer cuáles habían sido los secretos, virtudes y habilidades que les habían llevado a triunfar y conseguirlo.

Al analizar todas las encuestas, nos dimos cuenta de la cantidad de coincidencias que había entre ellos. Estas coincidencias son las que forman "Los Pilares Principales Del Éxito".

Este libro pretende darte esos "Pilares Principales Del Éxito" que a ellos les llevaron a lograrlo, para que puedas conocerlos, practicarlos y así triunfar tú también en el trabajo, en los negocios y en la vida. Son las claves que te llevan directamente a progresar, ya que son las causantes de la consecución del éxito de miles de empresarios, emprendedores y profesionales que han triunfado con ellas y que, desinteresadamente, las ponen en este libro para que tú también puedas conseguirlo.

En ellas encontrarás enseñanzas, fortalezas, métodos de superación personal y profesional, vivencias, valores; el creer en ti, en tu desarrollo profesional; eliminar los miedos, desarrollar tu inteligencia emocional, cómo hacerte un líder, desarrollar tu talento, emprender, conseguir tu libertad financiera, etc.

Abarca todo lo que necesitas saber sobre actitud, competición, éxito, audacia, crecimiento, liderazgo, logro de metas, gestión del tiempo, autodisciplina, positividad, organización, el valor de la persistencia, motivación, control de tus finanzas, control de tu propia vida, la mente millonaria, etc. Todo esto, y más, es lo que encontrarás en este libro. Guárdalo como texto de consulta: el seguirlo te llevará al éxito. También te permite ahorrar en libros de autoayuda y superación, ya que aquí lo tienes todo.

Este volumen pretende abrir tu mente, que cojas una visión positiva de las cosas y que veas y creas que tú también puedes hacerlo, tener éxito y triunfar en la vida.

Para mí fue mi catecismo cuando empecé con mi primera empresa. Yo venía de trabajar en un negocio como diseñador industrial, a pesar de que mis estudios eran de Empresariales (actualmente AD), pero, por las tardes, hice un curso de diseño en el que me habían contratado como diseñador mientras terminaba de estudiar la carrera.

Todo empezó cuando la empresa donde trabajaba tuvo que cerrar por no poder competir con lo que venía de China. Me reuní con mi jefe y me dijo: «hay dos posibilidades, una es quedarte como cooperativa con tus compañeros y a mí me pagáis el alquiler de la nave, y la otra coger la indemnización y buscarte trabajo». Sin dudarlo, yo cogí la segunda.

Quería progresar, montar mi propia empresa, pero, para ello, me tenía que preparar. Entonces me dijo: «J. C., te voy a dar unos consejos que a mí me sirvieron de mucho cuando empecé, ya que veo en ti a una persona emprendedora: **si quieres triunfar en la vida, piensa como un triunfador»**. Y los que triunfan, por supuesto, se preparan para alcanzar el éxito. ¿Sabes la diferencia que hay de una persona rica a una pobre? **Simplemente, la forma de pensar**.

Esta idea se me quedó grabada en mi mente como un hierro ardiendo y lo primero que hice fue gastarme parte de mi dinero en libros de motivación y biografías de los más grandes empresarios del momento. Eso me dio fuerza al ver cómo fueron sus inicios, curiosamente pobres, y ver hasta dónde habían llegado.

Sabía que debía de haber una fórmula mágica, hubiese dado lo que fuera para comprarla o conseguirla, pero la tuve que aprender poco a poco durante un cierto tiempo. No obstante, al cabo de poco tuve éxito. Pasé de comercial de una empresa a jefe de ventas en tres meses, por lo que, en menos de un año, estaba dirigiendo una empresa del grupo y dos años más tarde creé la Asociación Catalana de Empresarios, pasando de cero a 1500 empresas asociadas en menos de un año. El éxito me sonreía por todas partes. Estuve dirigiendo la asociación varios años mientras creé y dirigí también mi propia empresa y aproveché este tiempo para conseguir esta fórmula para ti, de modo que no tengas que empezar de cero ni perder tiempo en buscarla. Aplícala y empieza a conseguir tus logros, tus metas y los éxitos que estabas buscando. No es un camino fácil, pero la recompensa vale la pena.

"Los Pilares Principales Del Éxito" te enseñará las cosas fundamentales que tienes que hacer formándote para ello, y cambiará tu forma de pensar, actuar, comportarte, mirar al futuro de otra manera, dándote seguridad en ti mismo y una serie de valores que te servirán para todo lo que hagas también en tu vida particular.

¿Por qué unos triunfan y otros no? ¿Cuál es el motivo para ello? ¿Qué razones importantes llevan a alguien a triunfar? ¿Sería la alimentación? ¿Tal vez la educación? ¿El poder adquisitivo de la familia donde naciste? ¿El colegio donde estudiaste? ¿Si lograste estudios universitarios? ¿Será cuestión del azar? ¿Qué es? **"Simplemente, es la manera de pensar"**. Los que triunfan piensan: yo creo mi propia vida; y, los que no: la vida es algo que me sucede. **Hasta que no tomes las riendas de tu vida, no avanzaras**. Porque los que triunfan, la gente que tiene éxito, piensa diferente y se preparan para ello.

Si miras las biografías de los empresarios más ricos de mundo, la inmensa mayoría de ellos no nacieron ricos, ni fueron a grandes colegios, ni a prestigiosas Universidades. Por ejemplo: Amancio Ortega (propietario de INDITEX) vendía batas a las mercerías de Galicia, Steve Jobs era informático y Apple empezó en el garaje de una casa, Larry Page y Sergey Brin eran dos emprendedores y crearon Google, Bill Gates era un informático, Mark Zuckerberg era un estudiante, Jeff Preston Bezos trabajaba en un banco y pidió un préstamo a sus padres para montar Amazon, Jack Ma era un profesor de Inglés y su sueldo no llegaba a mil dólares al mes, J.K Rowling escribió su primer libro de Harry Potter en una cafetería, ya que no tenía calefacción en su casa. Lo que marcó la diferencia de los demás es que eran unos emprendedores, que no se conformaban con lo que les había tocado vivir y lucharon por sus objetivos. Todos ellos han conseguido el éxito y revolucionado el mundo, cada uno en su tema.

En este libro también encontrarás un capítulo de Mentes millonarias, cómo piensan los que triunfan, también la opinión de los expertos y otro de inteligencia emocional.

"Si piensas como ellos y haces lo que ellos, serás uno de ellos".

1. NO MALGASTES TU TIEMPO

"Línea de la vida". Promedio: 82 años. ¿Dónde estás tú ahora?

1----,----,----,----,----,----,----,----,----,----,----,----,----,----,----,----,----,-82

El tiempo es el tesoro más grande que te han dado al nacer, con fecha de caducidad. Mira en la línea de la vida: ¿dónde estás tú ahora? ¿Cuánto has recorrido? Si la media de vida es de 82 años según el país donde vivas, ¿cuánto te falta por recorrer? ¿Qué vas a hacer en estos años que te faltan por vivir? ¿Cuáles son tus proyectos que quieres realizar? ¿Qué estás dispuesto a hacer para conseguirlos? Y ¿cuándo vas a comenzar?

Tic. Tac. Tic. Tac.

El tiempo es un reloj que pasa sin piedad, que no puedes detener, mientras estás pensando qué hacer, el tiempo sigue avanzando. Pregúntate. ¿Qué has hecho hasta ahora? Y ¿qué vas hacer para mejorar tu vida? ¿Qué vas hacer para mejorar en tu trabajo y en tu vida familiar? ¿Te vas a conformar con lo que tienes, o vas a formarte, prepararte para mejorar profesionalmente y particularmente? ¿Vas a seguir pensando mientras trascurre el tiempo, o vas a pasar a la acción? Y ¿cuándo vas a pasar a la acción? Recuerda: mientras sigues pensando el tiempo sigue pasando.

El valor más grande que te dieron al nacer es el tiempo, lo demás depende de ti. Si triunfas, si fracasas, si amas, si quieres, si prosperas, si no prosperas; sólo de ti. Todos nacemos igual, más o menos con la misma inteligencia, con los mismos talentos, y con los mismos años de vida salvo excepciones. Unos la aprovecharán al máximo y otros no. ¿Tú cuál eres de los dos? ¿El que lucha por sobrevivir o el que lucha para vivir mejor?

«Tu tiempo es limitado, de modo que no lo malgastes viviendo la vida de alguien distinto. No quedes atrapado en el dogma, que es vivir como otros piensan que deberías vivir. No dejes que los ruidos de las opiniones de los demás acallen tu propia voz interior. Y, lo que es más importante, ten el coraje para hacer lo que te dice tu corazón y tu intuición».

Steve Jobs.

2. DESEO DE APRENDER

"El síndrome de Leonardo da Vinci"

¿Sabías que Leonardo da Vinci no dejó nunca de hacerse preguntas hasta el día de su muerte?

Yo voy mucho por Vinci, es mi segunda casa, un pueblecito de la Toscana Italiana al lado del rio Arno. Es un pueblo precioso donde crecen los girasoles, los olivos ocupan sus laderas y los viñedos llegan hasta la entrada del pueblo. Ahí nació Leonardo di ser Piero da Vinci, más conocido en todo el mundo como Leonardo da Vinci, en un hogar humilde en la cima de una colina a la salida del pueblo de Vinci, hijo de Piero Fruosino Di Antonio Da Vinci, un notario y embajador de la Republica de Florencia y una campesina.

Cuando era sólo un niño, destacaba por preguntar. Quería conocer el porqué de las cosas, hasta tal punto que su padre vino a buscarlo y se lo llevo a la capital, Florencia, donde tuvo la oportunidad de poder darle estudios destacando, en primer lugar, en Bellas Artes. Concretamente en pintura. Pero su perfección a la hora de pintar un cuadro llegaba antes de empezar a pintar: dedicaba mucho tiempo en investigación, cómo eran por dentro aquellos personajes que iba a pintar, cómo funcionaban los músculos que hacían mover los brazos, las piernas. Cómo eran las proporciones del cuerpo humano, etc. Hasta el punto de que su curiosidad era infinita, igual que su deseo de aprender. ¿El porqué? Era un individuo constante que le llevaba a la investigación de las cosas. Esto lo convirtió en el hombre más sabio de todo el Renacimiento. Entre otras cosas fue a la vez, pintor, anatomista, arquitecto, paleontólogo, artista, botánico, científico, escritor, escultor, filósofo, ingeniero, inventor, músico, poeta y urbanista.

> *"Por eso, al deseo de aprender le llaman el síndrome de Leonardo"*

Unos de los secretos de "Los Pilares Principales Del Éxito" es el deseo de aprender.

Nacemos con unas cualidades de genio, con un cerebro privilegiado y deseoso de aprender. Es el tiempo de las preguntas y preguntamos por todo. Me acuerdo que, yendo en automóvil con mi mujer y mi hijo de cinco años, para entretenerlo en el camino se me ocurrió enseñarle una señal de tráfico y explicarle qué significaba, le gustó el juego y cada señal que veía me preguntaba qué significaba, hasta que llegamos al destino. Al cabo de dos días lo vi con mi libro de teórica de circulación estudiando las señales de tráfico. Dos semanas más tarde volvimos a ir a comer a casa de mi madre: en el automóvil me empezó a explicar lo que significaba cada señal de tráfico que veíamos por el camino, sin fallar ni una. Nos quedamos parados, ¿cómo un niño de cinco años, en menos de un mes, se había aprendido todo el código de circulación de tráfico? Por supuesto que lo incentivamos en los estudios sacando la carrera con matrícula de honor y entrando a la Universidad con una beca por excelencia. Hoy en día se lo rifan las empresas multinacionales para que se vaya a trabajar con ellos. Todo por el deseo de aprender un tipo de enseñanza basado en preguntas, no en respuestas.

Igual pasa en el trabajo. Siempre hay que tener deseo de aprender ya que la preparación continua es básica en el mundo en que vivimos tan cambiante. Hoy en día las empresas no duran toda la vida, les pasan como a las estrellas: nacen, crecen y se deshacen. No es como en tiempos de nuestros padres que entraban en una empresa a trabajar y se jubilaban en ella. La tecnología avanza tan de prisa que quien no este continuamente formado, estará fuera de juego y le costará mucho encontrar trabajo.

Años atrás eran los médicos los que, por su oficio, se pasaban toda la vida profesional actualizándose, poniéndose al día de todo lo nuevo que salía para atajar las enfermedades. Después fueron los informáticos, los de telecomunicaciones, etc. Hoy en día somos todos, hemos pasado de un mundo industrial a un mundo tecnológico tanto a nivel profesional como particular y, por supuesto, todo lo nuevo que va a venir.

"Por eso, nunca dejes de aprender".

3. TALENTO

"El talento gana partidos, pero el trabajo en equipo gana campeonatos". Michael Jordan.

Todos en nuestra vida nacemos con algún tipo de talento que, si lo desarrollamos, nos hará destacar notablemente en alguna actividad.

Recuerda: eres la evolución de más de 2.4 millones de años del *Homo-habilis,* el primero que se conoce que caminaba con los pies y utilizaba las manos para hacer utensilios de piedra y caza. Somos también el fruto de millones de años de superación de adversidades en la cadena de la vida sin que fallara ninguna hasta nacer tú, como dicen los científicos.

Averigua cuál es tu talento y explótalo. No pares hasta ser el mejor y el éxito llegará solo.

El talento es la capacidad que tiene el ser humano para realizar determinadas acciones como consecuencia de las actitudes o habilidades que tengas y el conocimiento y experiencias que hayas adquirido a lo largo de tu vida, los cuales están relacionados con la creatividad, la inteligencia, el conocimiento y la actitud.

¿Nacemos con un talento determinado? Desde siempre nos lo hemos preguntado. La filosofía también se ha ocupado. Aristóteles, así como el británico John Locke, defendieron la idea de que el talento se construye desde la mente en blanco de nuestro nacimiento. Platón consideraba que las matemáticas eran el conocimiento por excelencia de nuestra mente, afirmó que su comprensión estaba instalada en el alma humana al nacer. La educación, lo único que podía conseguir era rescatarla y dar forma a ese saber.

El neurocientífico Steven Pinker publicó el título "The Blank Slate". En él sostiene que parece evidente que al nacer arrastramos una carga genética que condicionará de forma muy importante capacidades, comportamientos y motivaciones, aunque la genética no lo es todo.

El talento se tiene que desarrollar con el esfuerzo y el estudio, **«sólo con el entrenamiento podemos mejorar las marcas»,** dijo un entrenador a sus alumnos. Es un hecho que los trabajadores que poseen cualidades naturales y las potencian con otras adquiridas son más valiosos para las empresas: asimilan mejor la información, son más resolutivos y, por tanto, más productivos. Aunar inteligencia y talento es un valor añadido tanto para el profesional como para las organizaciones.

No podemos olvidar que la actitud es otra cualidad fundamental a la hora de contratar a una persona y no a otra.

Identificar el talento es muy importante en el departamento de RRHH para el reclutamiento de personal, porque si saben elegir bien a las personas, el equipo de trabajo puede tener una mejor sinergia y mejores resultados que se traducen en mayor productividad.

En una empresa coexisten dos tipos de talentos: el individual, atesorado en empleados y directivos, y el colectivo, que radica en su sistema de organización. El primero aporta creatividad y productividad personal, y el segundo estructura la empresa, sus valores, órganos y funcionamiento con la finalidad de optimizar el talento de sus trabajadores.

Siempre nos hemos hecho esta pregunta: ¿el talento nace o se hace? El talento de la organización se hace, mientras que el de la persona tiene una doble dimensión: nace, pero también se hace. Tenemos un ejemplo con los dos mejores futbolistas del mundo. Lionel Messi y Cristiano Ronaldo.

Lionel Messi es talento puro, nació con la habilidad de jugar el balón con los pies. Desde pequeño no había quien le quitara el balón, haciendo regates hasta llegar a la portería contraria y chutar para hacer gol. En cambio, Cristiano Ronaldo se hizo: gracias a su preparación y esfuerzo, fue formándose día a día como un atleta hasta conseguir ser un futbolista extraordinario, disputándole los balones de Oro al propio Lionel Messi.

Gracias a estar en los dos club más grandes del mundo consiguieron también triunfar con el talento colectivo ganando (ambos) varias veces las mejores competiciones a nivel nacional, internacional y mundial.

4. COMPETIR

"El hombre experimenta cierta necesidad en arriesgar su piel, sin otra razón que hacerlo mejor que otro. Es uno de los raros puntos en los que nos diferenciamos de otras especies.

" ENZO FERRARI "

Competir es uno de los cinco regalos que nos llevamos al nacer.

La carrera del espermatozoide. Somos el resultado de la gran carrera de 250 millones de espermatozoides en la vagina de nuestras madres compitiendo por llegar primero al óvulo y fecundarlo. Para ello tuvimos que atravesar un largo camino compitiendo para ser el primero en llegar a la meta, porque solo uno (y en raras ocasiones, dos) es el triunfador.

Somos unos triunfadores. Si lo hicimos una vez ¿cómo no lo vamos a lograr más veces? Siempre hay una meta donde llegar en los negocios y en la vida. Competir es bueno y el placer de ganar mucho mejor. Tenemos que estar siempre preparados para competir y, por supuesto, para ello nos tenemos que preparar: con el conocimiento. Aprender, esa es la clave. La competencia es buena y nos gusta, simplemente, tenemos que prepararnos para ella como un corredor de maratón, hay que entrenar cada día y robustecer nuestras piernas a base del entrenamiento y el esfuerzo, para el día en que nos enfrentemos a la carrera tengamos posibilidades de poder ganar o quedar entre los primeros. Así como las empresas también compiten entre ellas, no hay prácticamente ninguna que tenga un producto exclusivo: siempre existe otra que tiene algo parecido al tuyo, incluso en EEUU fomentan la competencia obligando a las empresas para que no se creen monopolios.

Ya nacimos ganadores, triunfar en la vida sólo depende de nosotros.

"Recuerda: el que mejor se prepara es el que gana".

Josep Guardiola ganó los seis trofeos más importantes del futbol nacional e internacional en una temporada; Copa, Liga y Champions, y ganó el mítico triplete (era el primer equipo español en conseguirlo). Estos tres títulos, añadidos a los obtenidos durante la primera parte de la campaña 2009/2010 (Supercopa de España, Supercopa de Europa y Mundial de Clubes), hicieron que en 2009 se convirtiera en el mejor año de la historia del *Barça*, el ya legendario año de las Seis Copas. Pero eso tenía mucho trabajo por detrás, muchos entrenamientos, mucho examinar a sus rivales, mucha motivación de sus jugadores, mucha competición durísima día a día, semana a semana, mes a mes y, al final, en el último partido del Mundial de clubes, cuando el árbitro pitó el final no pudo más y arrancó a llorar, explotando para dejar salir la presión que llevaba dentro.

Siempre tenemos que competir en la vida: por conseguir las mejores notas, por un puesto de trabajo, por ascender, por conseguir metas, etc.

La vida en sí es una competición que tenemos contra el tiempo, pero, si nos preparamos bien, podemos conseguir todo lo que nos propongamos.

5. EL COMPROMISO

"Los sueños parecen al principio imposibles, luego improbables, y luego, cuando nos comprometemos, se vuelven inevitables".

Mahatma Gandhi.

"El compromiso es lo que convierte una promesa en realidad".

Abraham Lincoln

Es la obligación contraída por una persona que se compromete o es comprometida a algo.

El compromiso es uno de "Los Pilares Principales Del Éxito", ya que si deseas algo debes de comprometerte primero a conseguirlo, antes que nada contigo mismo y firmarlo en un papel como contrato que es y que tienes que cumplir. Es bueno que pongas fecha y hora de cumplimiento.

El compromiso, además, es la capacidad que tiene una persona para tomar consciencia de la importancia que existe en cumplir con algo acordado anteriormente. Ser una persona que cumple con sus compromisos es considerado un valor y una virtud, ya que esto suele asegurar el éxito en los proyectos futuros y la plenitud.

Cuando se firma un contrato, en él figura una cantidad específica de compromisos a cumplir. Si este contrato llega a ser concretado, la persona que lo firma comienza a estar obligada a cumplir con todo lo que se haya pautado en el documento, de manera contraria se pueden generar problemas legales donde actuarían abogados.

"Nada terminará con éxito si no adquieres un compromiso contigo mismo"

El compromiso hace referencia a un tipo de obligación o acuerdo que tiene un ser humano con otros ante un hecho o situación. Un compromiso es una obligación que debe cumplirse por la persona que lo tiene y lo tomó.

Recuerda. Las empresas quieren gente comprometida con su trabajo, con su equipo, con la propia entidad. Eso te llevara a ser una persona de éxito y también te servirá para cuando quieras emprender. Del mismo modo, en la vida particular está demostrado que las personas que cumplen sus compromisos son personas exitosas, tienen más amigos, triunfan en las relaciones sociales, con su familia, con sus hijos, etc. Por ejemplo: yo me comprometí a escribir este libro en tres meses y editarlo. Por supuesto que cumplí el objetivo.

6. ACTITUD Y APTITUD

Cada día me miro en el espejo y me pregunto: "si hoy fuese el último día de mi vida, ¿querría hacer lo que voy hacer hoy?". Si la respuesta es "no" durante demasiados días seguidos, sé que necesito cambiar algo.

Steve jobs

Es otro de "Los Pilares Principales Del Éxito": la manera de estar alguien dispuesto a comportarse u obrar.

Que tu actitud siempre sea positiva te ayudara a triunfar.

Según la mayor parte de entrevistados, la actitud tiene un valor en la escala del 67% del éxito. La resistencia a no darte nunca por vencido.

Recuerda: caerse, levantarse; caerse, levantarse; caerse, levantarse. Levantarse. Lo aprendimos de niños. ¿Cuántas veces te caíste y te levantaste antes de empezar a caminar? Cientos de veces, pero al final lo conseguiste. Porque nunca te diste por vencido.

Actitud es una palabra que proviene del latín «Actitudo». Se trata de una capacidad propia de los seres humanos con la que enfrentan al mundo y las circunstancias que se les podrían presentar en la vida real. Cuando algo inesperado sucede no todos tenemos la misma respuesta, por lo que la actitud nos demuestra la capacidad del hombre de superar o afrontar cierta situación.

Hay tres clases de actitudes:

La actitud positiva es la que permite afrontar una situación enfocando al individuo únicamente en los beneficios de la circunstancia que atraviesa y enfrentar la realidad de una forma sana, positiva y, a su vez, efectiva.

La actitud negativa no permite al individuo sacar ningún provecho de la situación que se está viviendo, lo cual lo lleva a sentimientos de frustración; resultados desfavorables que no permiten el alcance de los objetivos trazados.

La actitud crítica separa lo verdadero de lo falso y encuentra los posibles errores. Ésta no permite aceptar ningún otro conocimiento que previamente no haya sido analizado para asegurarse de que los términos adquiridos sean puramente válidos. Algunos expertos de la filosofía consideran la actitud crítica como una posición intermedia entre el dogmatismo y el escepticismo, como defensa de que la verdad existe, sometiendo a examen o crítica a todas las ideas que pretenden ser consideradas verdaderas.

Actitud y aptitud.

Los términos actitud y aptitud generan ciertas confusiones debido a su gran similitud al momento de ser pronuncias y escritas, pero es de gran relevancia poder discernir que ambos poseen diferentes definiciones.

Aptitud, del origen latino «aptus» (que significa "capaz para"), es la idoneidad que posee un individuo para ejercer un empleo o cargo y la capacidad o disposición para el buen desempleo de un negocio o industria. En referencia a los objetos, es la cualidad que hace que sea adecuado para un fin determinado. En cambio, actitud es la voluntad o disposición que posee un individuo para realizar una determinada actividad. También este término hace referencia a la postura del cuerpo humano o animal, como fue referido anteriormente.

7. EL ÉXITO

"Nadie tiene éxito sin esfuerzo. Aquellos que tienen éxito se lo deben a la perseverancia"

Ramana Maharshi

"Recuerda que el éxito sólo lo encuentran los que lo buscan y están debidamente preparados".

Según la Real Academia Española. El éxito es:

1. El éxito forma parte de nuestras vidas desde que nacemos. Éxito: resultado feliz de una acción emprendida o un suceso de una persona o empresa.

2. Aceptación o reconocimiento de una persona o cosa por parte de una gran cantidad de gente.

3. Según la encuesta, es obtener lo que se desea en el ámbito profesional, social o económico.

4. La consecuencia de un trabajo bien hecho.

¿Qué es para ti el éxito? Como verás hay muchos tipos de éxito. No es lo mismo el éxito para un empresario que lo que aspira es a crecer con su empresa, posicionarse y tener independencia económica; que el de un alpinista que trata de alcanzar el Everest; o el de un emprendedor que lo que quiere es crear una empresa y triunfar; que el profesional médico, psicólogo, abogado, dentista etc., que lo que pretenden es destacar y montar un gabinete propio, por ejemplo.

Lo cierto es que a todos nos gusta el éxito. Ese resultado feliz puede deberse a la consecución de un objetivo, de un negocio, de una actuación, una actividad, o, en su defecto, a la buenísima recepción que ha tenido entre el público. Un libro, un disco, subir al Everest, acabar la carrera, entre otros. Por lo general, la noción de éxito se relaciona con el ámbito laboral y social, pero poseer éxito o triunfar en la vida es un concepto mucho más amplio que se puede aplicar a otras cosas.

En términos generales, podemos entender al éxito como el triunfo o la consecución de los objetivos planeados.

Ser exitoso en algo bueno significa que uno ve sus deseos cumplidos, se siente satisfecho y ello lo hace sentirse feliz.

El éxito es lo opuesto al fracaso y a la derrota, y es, por tanto, uno de los sentimientos más positivo del ser humano.

"El éxito se encuentra en todos los niveles y quehaceres de la vida. Sólo hay que proponérselo y luchar por alcanzarlo"

Normalmente, el éxito tiende a ser utilizado en los ámbitos

laborales. Por ejemplo, para decir que una persona tiene una carrera exitosa o que su trabajo fue un éxito en su espacio laboral. Al mismo tiempo, el éxito también conlleva mayores responsabilidades, ya que al destacar sobre el resto tienes que estar preparado para afrontarlo.

8. PREPÁRATE PARA EL ÉXITO

"El secreto del éxito está en prepararse para aprovechar las oportunidades cuando se presenten".

Benjamin Disraeli

"Algunas personas sueñan con el éxito, mientras que otras personas se levantan cada mañana y lo hacen realidad".

Wayne Huizenga

"No existen secretos para el éxito. Es el resultado de la preparación, el trabajo duro y aprender de los fracasos"

Colin Powell

El prepararse para el éxito es imprescindible para conseguirlo.
"Un señor fue al rastro de Madrid (un mercadillo de objetos de segunda mano). En una de esas paradas había un hombre

que vendía cuadros antiguos, así que le dio por echar un vistazo. Los retratos estaban apilados en un montón. Empezó a mirar lo que había hasta que dio con una imagen de peculiares características que le llamó la atención. La cogió y le preguntó al vendedor: «¿cuánto quieres por este cuadro?». Éste le contestó: «si me das 500 €, es tuyo». El interesado cogió su cartera, sacó el dinero en billetes de 50 €, le pagó y se lo llevó. El vendedor estaba pletórico: ese artículo lo habría vendido por 50 € y, por el contrario, había conseguido intercambiarlo por diez veces más de su precio original. Pensaba que había hecho el gran negocio. Pero el cuadro que había comprado aquel desconocido resultó un Goya auténtico con un valor de más de 1.000.000 € de euros".

¿Quién hizo el gran negocio, el vendedor o el comprador?

El comprador, ¿verdad? Porque estaba preparado para reconocer que aquel cuadro era de Goya y el valor que tenía en el mercado era muchísimo mayor que el que le pidió aquel vendedor. Así nos pasa con todo: si algo quieres conseguir, prepárate para ello.

Recuerda: la preparación forma parte de uno de "Los Pilares Principales Del Éxito", ya que sin ella la posibilidad de alcanzar el éxito se reduce muchísimo.

9. SÉ AUDAZ

"La audacia en los negocios es lo primero, lo segundo y lo tercero"

Thomas Fuller

Una de las personas más audaces que he visto en mi vida fue **la Madre Teresa de Calcuta.**

Dicen que un ejecutivo de una empresa Multinacional de carburante se entrevistó con ella, ya que ésta pedía ayuda para el mantenimiento del albergue de acogida de leprosos que tenía en la India. Al preguntar el jefe al empleado por qué había hecho eso sin consultarlo antes con él y con la empresa, el hombre le contestó: «Vaya usted a verla y lo entenderá. Si cree que obré mal, despídame, pero hágalo sólo después de haberla conocido. El Sr. Johnson (ese era su nombre) aceptó el trato y cogió su coche con chófer y fue a visitarla.

Una vez aparcado el automóvil en la entrada de un recinto con techo de uralita perdido en medio de la nada, transcurrió un minuto antes de que se acercara un hombrecillo un tanto jorobado con una camisa blanca abierta y un pantalón corto. Con la cara quemada por el sol le preguntó si venía a ver a alguien o, simplemente, se había extraviado. El Sr. Johnson le respondió: «No me he perdido. Venimos a ver a la Madre Teresa de Calcuta, ¿está aquí?». «Sí», respondió aquél sonriendo, «ahora la voy a avisar, que le está esperando». La mujer se presentó pasados dos minutos escasos; llegó ataviada con su característica bata blanca, la cabeza tapada con un pañuelo y unas sandalias rotas. Mirándolo a los ojos le dijo: «¡Gracias, Dios mío, por habernos enviado hoy a este gran hombre que viene a ayudarnos!». El Sr. Johnson quedó tan sorprendido y confundido que le resultó imposible responder, porque ¿cómo le iba a contar a aquella anciana que ofrecía lo más preciado del mundo (su propia vida) para ayudar a esas personas a curarse de la lepra y a comer, que no la iba a ayudar? Lo único que fue capaz de contestar fue que estaba allí para incrementar la ayuda que su ejecutivo ya le había ofrecido con anterioridad.

¿Cómo podía ser tan audaz una mujer tan mayor como ella? Con una sola expresión había destrozado todo argumento que aquel gran jefe podría haber usado rebatirla.

"La filosofía de la Madre Teresa de Calcuta era: me da igual quién me dé dinero si con él puedo salvar a las personas"

10. CRECER

"El crecimiento personal es un gran ahorro de tiempo. Cuanto mejor te vuelves, menos tiempo te lleva alcanzar tus objetivos"

Brian Tracy

"Recuerda: la antesala del fracaso es el conformismo"

Estamos en un mundo cambiante, lo que sirve hoy no sirve mañana pues se ha quedado desfasado. O lo nuevo que sale suple lo que había hasta ahora y lo mejora. Todo se vuelve obsoleto muy rápidamente. Por ejemplo: el último PC o portátil que te acabas de comprar ya es antiguo, ya que hoy están fabricando uno nuevo que lo supera. Las empresas tienen que estar continuamente invirtiendo en I+D, en innovación tecnológica, si quieren seguir en el mercado. Puedes comprobarlo con lo que les paso a grandísimas empresas como NOKIA, la primera fábrica a nivel mundial de telefonía móvil: vino iPhone y Android y todo cambió, se quedaron desfasados y la empresa se hundió. Igual le pasó a Black Berry, vinieron los móviles digitales con sistema operativo Android y un montón de aplicaciones y la derrotó el propio mercado. Lo mismo ocurre a nivel profesional: o te pones al día y te preparas en las necesidades que solicita el mercado o estás muerto, por eso no puedes dejar pasar ni un día sin crecer y formarte. La competitividad a nivel empresarial y profesional es cada día más alta, las empresas quieren a los mejores en su plantilla para que les ayuden a crecer.

Cosas que deberías hacer para crecer:

Mejora tus puntos débiles en las áreas que consideres que tus conocimientos son limitados, establece tus propias metas, rodéate de los mejores, sigue haciendo contactos, intenta aprender cada día, promueve tu trabajo en la red, establece un método de trabajo, ve más allá de lo normal.

Consejos que te servirán para tu desarrollo profesional:

Comprométete contigo mismo. Tu objetivo tiene que ser claro y lo suficientemente importante como para darle prioridad en tu vida. Plantéate una lista de tareas y una ruta de acción para empezar a caminar.

No te desanimes cuando las cosas se complican, ni cedas el tiempo que tienes destinado a lograr tu objetivo.

Toma acción. No te quedes esperando a que las cosas sucedan por sí mismas porque no sucederán nunca: si tú no las haces nadie lo hará por ti. Hacer es caminar cada día hasta que cumplas tu objetivo.

Experimenta y vuelve a experimentar hasta que las cosas salgan bien. No le tengas miedo al fracaso, ya sabes, el fracaso es el principio del éxito.

No te flageles por tus derrotas; Aprende de ellas. Pregúntate qué hubieras hecho diferente, qué competencias te faltaron, cómo lo vas a hacer de nuevo.

Explota tus habilidades, es el momento de hacerlo.

Determina qué te falta. Siempre hay espacio para aprender. Determina cuáles son esos vacíos y lánzate a conquistarlos.

Invierte en ponerte al día en las nuevas tecnologías, te harán falta conocerlas para tu futuro profesional.

Sé muy bueno en lo que sabes y conoces. La profesión no sólo depende de tener títulos académicos, sino de lograr conseguir un amplio conocimiento y un dominio de eso que sabes hacer tan bien. Y darlo a conocer. Eso te dará el reconocimiento de los demás.

Sé consistente. Si tu meta es crecer profesionalmente, debes trabajarla metódicamente y con perseverancia.

Asertividad. Escucha las críticas constructivas y los consejos que te dan y actúa para mejorar.

Sé responsable. Para lograr tu éxito profesional debes ser alguien a quien tengan respeto por su ética profesional. Una excelente forma de hacerlo es observar lo que ha hecho o lo que hacen otros que han tenido éxito en eso mismo, esta es una forma de «aprender en cabeza ajena».

Sé feliz en tu trabajo, de esta forma, el mejorar e invertir tiempo en él y en el desarrollo profesional será gratificante.

"No dejes nunca de crecer, tu futuro depende de ello"

11. EL VALOR DE LA EXPERIENCIA

"El éxito es el resultado de las decisiones acertadas, las decisiones acertadas son el resultado de la experiencia y la experiencia suelen ser el resultado de las decisiones equivocadas".

Anthony Robbins

Conocimiento de algo o la habilidad para ello. Se adquiere al haberlo realizado, vivido, sentido o sufrido una o más veces.

El 67% de los triunfadores compran experiencia.

Todos buscamos experiencia profesional en la vida y en el trabajo. ¿Te imaginas que sufres un accidente y tienen que operarte de urgencia, y a la hora de entrar en el hospital te dan a elegir entre uno cirujano que lleva diez años operando u otro que acaba de llegar de la universidad? ¿Cuál de los dos elegirías? Pues lo mismo pasa en el trabajo: queremos gente con experiencia en el puesto que ocupa, al igual que en el plano profesional.

En el mundo laboral, un área se considera propia de una persona si pasa un tiempo destacable dentro de ella, ya sea la abogacía, la medicina, la tecnología, la industria y demás. En muchos casos, los empleadores exigen cierta experiencia para poder realizar con éxito dicha profesión. Estos conocimientos se adquieren en la universidad o en la escuela profesional después de un periodo de práctica empresarial.

En el caso de las empresas, la experiencia es primordial. Cuando ponen en marcha procesos de selección de personal apuestan, en la mayoría de casos, por contratar a aquellos candidatos que tienen mayor experiencia en el área que desean cubrir.

En mi negocio de consultoría, muchas veces me ha contactado una empresa pidiéndome que le busque, por ejemplo, un programador de SAB. Y créeme que no le importa nacionalidad, si es alto o bajo, ni religión, si es blanco o de color, si es chino, hindú, paquistaní, hombre, mujer, etc. Sólo le importa que tenga experiencia en programar y que sea bueno.

12. LÍDER Y LIDERAR

"Un auténtico líder no tiene que liderar, simplemente, está satisfecho con señalar el camino"

Henry Miller

"Un buen líder no es un buscador de consensos, sino un modelador de consensos"

Martin Luther King jr.

"Adopta el papel de líder. Recuerda: sólo si piensas como líder serás un líder"

Primero, prepárate para ello. Segundo, cree en ti mismo.

El liderazgo es el conjunto de habilidades gerenciales o directivas que un individuo tiene para influir en la forma de ser o actuar de las personas o en un grupo de trabajo determinado, haciendo que este equipo trabaje con entusiasmo hacia el logro de sus metas y objetivos.

Liderar es inspirar a través de la coherencia, el respeto, la visión, la pasión, el coraje y el compromiso. Es también el arte de cultivar nuevos líderes. El líder no predica, actúa desde su dimensión humana, desde el diálogo y la escucha, desde la humildad, desde la acción coherente. Liderar no es empujar, tampoco es exhibirse. Normalmente, los mejores líderes saben construir personas autónomas y seguras de sí mismas, capaces de asumir retos y sus consecuencias. Es fácil saber si alguien es un buen líder observando, simplemente, el talante y los talentos de las personas que le rodean. Para que un liderazgo sea efectivo, el resto de los integrantes deben reconocer sus capacidades para dirigir.

El líder tiene la capacidad de influir en otros sujetos, su conducta y sus palabras logran incentivar a los miembros que lo componen para trabajar en equipo por un objetivo común.

El líder tiene la función de transmitir una visión global e integrada, mostrar confianza al grupo, orientar y movilizar a las personas a concretar los objetivos planteados, animar y mantener el interés del grupo a pesar de los obstáculos y crisis que se puedan encontrar a lo largo del trabajo, reforzar los sucesos y, cuando sea necesario, corregir los desvíos. Asimismo, el líder debe de utilizar todo el potencial de su personal y repartir las funciones a cada uno.

Hay cuatro tipos de líderes:

El líder autoritario.

Es aquel que toma decisiones sin dar explicaciones al respecto. Por ejemplo: Nicolás Maduro.

El líder democrático.

Es aquel que permite la opinión de los demás miembros y actúa por consenso. Por ejemplo: Barack Obama.

El líder carismático.

Es aquel que llega a modificar los valores, las actitudes y las creencias de sus componentes o seguidores. Por ejemplo: Adolf Hitler.

Líder nato.

Es aquel que nunca pasó por un procedimiento para desarrollar habilidades y cualidades, sino que desde siempre contó con las características esenciales de un líder. Por ejemplo: Mahatma Gandhi.

Alguna de las características más importantes de todo líder exitoso:

Sabe escuchar a los demás integrantes del grupo.

Se toma el tiempo de conocerlos individualmente, prestando atención a sus necesidades.

No practica el papel de jefe autoritario, sino que intenta dar un espacio a cada uno de ellos, para que todos se sientan artífices de las decisiones.

Sabe aprender de sus errores. No tiene miedo al cambio. Goza de carisma; capacidad de comunicación, de definir metas y objetivos.

Está capacitado para influenciar a sus subordinados a través de sus comportamientos, pensamientos y es disciplinado.

Posee la habilidad para manejar las emociones y sentimientos. Innovador, paciente y respetuoso.

Líder y liderazgo.

Los términos líder y liderazgo están relacionados desde su

definición.

Liderazgo es la condición que tiene una persona de poder ser líder y dirigir a un grupo de personas, influenciar de forma positiva mentalidades y comportamientos. El liderazgo permite al líder desarrollar nuevas habilidades o características y orientar a un grupo de personas para alcanzar los objetivos trazados, logrando así el éxito de la empresa, de su equipo de futbol, etc.

13. QUÍTATE LOS MIEDOS

"No se pueden tomar decisiones basadas en el miedo y en la posibilidad de lo que podría suceder".

Michelle Obama

Definición:

Sensación de angustia provocada por la presencia de un peligro real o imaginario.

«La oscuridad le provocaba un miedo cerval; la agorafobia es un miedo obsesivo ante los espacios abiertos o descubiertos; miedos nocturnos son aquellos que impiden conciliar el sueño».

Es un sentimiento de desconfianza que impulsa a creer que ocurrirá un hecho contrario a lo que se desea.

¿Por qué tenemos miedo? ¿A qué tenemos miedo? Son dos

preguntas que muchas veces nos hacemos todos, pero que muy pocos nos atrevemos a analizar.

El miedo es una emoción que se instala en nuestro cerebro y nos impide avanzar en diferentes facetas de la vida. Por ejemplo: en el trabajo, en la evolución personal, progresar profesionalmente, intimidar, en las relaciones humanas, en hacer un viaje, etc. La mayoría de conductas erráticas como la inseguridad, la timidez excesiva, la mentira, el aislamiento, la sumisión, la agresividad o la violencia parten del miedo.

Así, uno de los primeros pasos para ser feliz es eliminar el miedo. Pero ¿miedo de qué? ¿Acaso hay algo que temer? Esta emoción es la principal culpable de que no podamos lograr nuestros objetivos ni realizar nuestros sueños. Por lo tanto, vale la pena reflexionar sobre ella para poder gestionarla con eficacia.

Ser precavido o prudente. ¿Cuál es la diferencia con tener miedo?

Ser precavido o prudente **sí** nos sirve para actuar o prevenir un **riesgo eminente**. Por ejemplo: está nevando en la carretera, tengo que coger el automóvil para salir de viaje y para no quedarme bloqueado cojo las cadenas. En cambio, con el miedo no voy a hacer ese viaje por el temor de quedarme atascado en la carretera. El miedo no nos sirve para nada, simplemente, nos bloquea continuamente. Sabotea la mayoría de nuestros sueños y nos impide la felicidad.

Todos los miedos son superables si le damos luz a lo que nos hace sentirnos tan mal.

Los tres pasos para eliminar el miedo de tu vida según los expertos:

Reconoce tus miedos.

Para reconocer tus miedos, primero debes de hacerte estas

preguntas: ¿Actuó de esta manera a causa del miedo? O, por el contrario, ¿dejo de hacer cosas a causa del miedo? El primer paso antes de eliminar el miedo consiste en reconocer que tienes miedos.

Cuando te encuentres en una situación de bloqueo o incómoda hazte estas preguntas: ¿cuándo no tienes valor de dejar ese trabajo que detestas? ¿Cuándo no eres capaz de decirle a tu pareja que la amas? O ¿cuándo no te atreves a pedirle un aumento de sueldo a tu jefe sabiendo que te lo mereces? Lógicamente, debes ser honesto contigo mismo cuando las contestes.

Reflexiona sobre ellos.

Una vez hayas identificado una situación que te produce miedo, reflexiona sobre ella: ¿qué me da miedo exactamente y por qué motivo?

En este segundo paso, identificar qué es exactamente lo que te genera miedo y porqué motivo te lo genera.

Cuando seas capaz de responder a estas dos cuestiones descubrirás dos cosas: la fuente que activa tus miedos y la carencia personal que lo permite. Por ejemplo, puede que no te atrevas a pedir un aumento de sueldo a tu jefe porque no te valoras lo suficiente o que no te atrevas a decirle a tu chica que la amas, por timidez o inseguridad en ti mismo.

Sea por lo que sea, cada persona es distinta, así que tómate tu tiempo y explora cada uno de tus miedos. Cuando los identifiques, tal vez te des cuenta que, probablemente, ese miedo es inútil e injustificado. Es decir, que no te sirve para nada y, además, limita tu vida y tu felicidad.

A veces basta con seguir los dos primeros pasos para eliminar el miedo. El hecho de ser consciente de nuestros miedos nos permite identificarlos, y realizar un trabajo reflexivo nos ayuda a afrontarlo de forma más eficaz.

Pasa a la acción y afróntalos.

Para eliminar el miedo coge la lista de los que has trabajado, elige uno de ellos y haz una tarea que te permita contrarrestarlo. Por ejemplo, si no eres capaz de pedirle un aumento de sueldo a tu jefe, prepara una lista de los motivos por los que deberías hacerlo y practica un discurso solo en tu casa o junto a tu pareja y, cuando te sientas más seguro, pide cita con tu jefe y repítele ese mismo discurso de forma amable y con argumentos. Así podrás eliminar el miedo que te suponía decir lo que pensabas.

Repite este ejercicio con regularidad para trabajar cualquiera de tus miedos hasta que logres eliminarlos todos de tu vida.

14. SOÑAR

"El mundo está en la manos de aquellos que tienen el coraje de soñar y correr el riesgo de vivir sus sueños"

Paulo Coelho

"Si tú no trabajas por tus sueños, alguien te contratará para que trabajes por los suyos"

Steve Jobs

Soñar dormido es imaginar cosas o sucesos que se perciben como reales mientras se duerme.

Soñar despierto es imaginar aquellas cosas del deseo que se puede cumplir en la realidad.

Es el principio del querer, del hacer y forma parte del éxito.

Todo empieza por un sueño. Créetelo y lánzate a por él.

Es genial soñar, ¿verdad? Cuando crees que es posible conseguirlo, cuando está al alcance de la mano, cuando acabas de empezar un proyecto y tienes toda la ilusión puesta en él, con ganas de luchar.

Todo viaje empieza con un sueño e intentas que se haga realidad. Es en este momento cuando todas las fuerzas se centran en un solo objetivo y sabes que es posible si peleas por ello.

Entonces, empiezas a hacer todo lo necesario, no importa lo lejos que esté, tienes fuerzas de sobras para luchar por ello. Cuando ves que puede convertirse en realidad es cuando pones todo tu empeño para conseguirlo.

Soñar, luchar por lo que quieres, no es dejar de ser realista. Aunque el objetivo sea complicado sigues creyendo en él.

Soñar también es establecer metas realistas y luchar hasta conseguirlas.

El momento de luchar es ahora, cuando sabes que es lo que quieres. Piensa que hay personas que tardan toda una vida en saberlo.

Olvídate de los miedos, de las dudas, pero no olvides que tus sueños se construyen a través de la ilusión, de que lo que quieres es posible y, si es posible, se convierte en realidad.

"Nunca dejes de soñar"

15. QUERER

"El que quiere hacer conseguirá un medio, el que no, una excusa".

Stephen Dolley

Hay tres jóvenes en una barca y dos de ellos deciden tirarse al agua.

¿Cuantos jóvenes hay en la barca y cuantos en el agua?

El resultado son tres en la barca, porque dos de ellos querían tirase al agua, pero no lo hicieron.

Esta es la diferencia entre querer y hacer.

El querer es ilusión, es el que mueve los motores de la vida y del mundo. Sin él no existiría el hacer.

El querer sin un objetivo y el compromiso real de poder hacerlo no sirve para nada. Es, simplemente, el sueño de conseguir.

Por eso el querer tiene que ser realizable. Conseguirlo a través del poder, si no crea desilusión y ansiedad. Permíteme ponerte un ejemplo.

Una investigación de una gran marca de computadoras a nivel mundial que analizaba los hábitos de los consumidores reveló que, a pesar de sus gustos, menos de tres de cada diez personas habían realizado su última adquisición a través de Internet.

Puede que el hecho de comprar por Internet esté cada vez más extendido y los usuarios hayan perdido parte de los miedos del principio, como ocurre con toda innovación, pero eso no quiere decir que lo vayan a comprar. De hecho, un informe de dicha empresa concluía que la diferencia entre querer algo que te guste, y acabar comprándolo es bastante significativa.

¿Qué queremos decir al diferenciar entre querer y hacer? Que no todo el que quiere hacer algo lo acaba haciendo.

Otro ejemplo.

¿Qué quieres hacer este año?

Es una pregunta sencilla que todos nos hacemos con las uvas el día de año nuevo. Pongo algunos ejemplos: dejar de fumar, hacer deporte, apuntarte al gimnasio, adelgazar, comer más sano, pasar más tiempo con la familia, cambiar de trabajo, terminar la carrera, comprarte un piso, enamorarte, etc.

¿Por qué quieres conseguirlo?

Es una pregunta sencilla pero que requiere un razonamiento que implica pararte a pensar y elegir entre todas las respuestas que habías dicho en la primera pregunta.

Por ejemplo: ¿quieres apuntarte a un gimnasio? ¿Lo quieres hacer de verdad o, simplemente, lo quieres hacer por complacer a tu pareja o porque se espera de ti que lo hagas? ¿O, a lo mejor, porque está de moda? ¿Estás dispuesto a levantarte una hora antes cada día para hacerlo? ¿Es realmente lo quieres hacer? ¿Cuál es tu motivación?

Recuerda: si no tienes una motivación poderosa detrás, no lo vas hacer. Y, si lo haces, vas a fracasar y al cabo de unos meses lo vas a dejar. Por eso es importantísimo ponerte un objetivo y tomar el compromiso de cumplirlo.

16. HACER

"No puedes construir tu reputación con aquello que sabes o con aquello que deseas hacer, sólo construirás tu reputación con tus acciones".

Henry Ford

Lo que marca la auténtica diferencia entre las personas es la acción. La vida está llena de personas con muy buenos propósitos, con muy buenas intenciones, sin embargo, lo que marca la diferencia no es tanto el nivel de conocimientos, cada vez más parejo y menos decisivo, ni la motivación, sino que la auténtica diferencia está en la acción.

"No hay personas más inteligentes que tú, sólo hay personas que hacen más cosas que tú".

Si tú hicieras todo lo que dices que vas hacer, serias millonario. Podrías ser lo que quisieras, un empresario de éxito, un conferenciante de prestigio, un piloto de aviación, un cirujano famoso, un ingeniero en una gran empresa, un presidente de gobierno, etc. Todo depende del trabajo que le pongas para conseguirlo.

¿Quieres un buen trabajo? Prepárate, búscalo y consíguelo.

¿Quieres un amor? Sal a conquistarlo.

¿Quieres dinero? Trabaja y gánatelo.

¿Quieres ser un cirujano famoso? Primero estudia medicina, especialízate en cirugía, después aprende como ayudante de un cirujano famoso y lo conseguirás.

"Recuerda, sólo depende de ti".

Yo, cuando he entrevistado a algún comercial o ejecutivo para mi empresa, en el asunto económico no ponía un máximo de ganar dinero nunca. A la pregunta que me hacían sobre cuánto les íbamos a pagar, yo les contestaba: «¿cuánto quieres ganar?». Si me decían 7.000 € al mes, yo les respondía: «¿qué estás dispuesto a hacer para conseguir ese dinero?». Para ganar esta cifra al mes tienes que firmar seis contratos mensuales por un valor total de 70.000€, esto significa que tienes que ser muy bueno o trabajar 12 horas al día, sábados incluidos. «¿Estás dispuesto a hacerlo?».

¿Qué vas hacer hoy? Hazlo, hazlo, hazlo, sin vacilar. Pero hazlo.

En esta fase no sirven promesas. Sólo importan los hechos: **hacer, hacer y hacer**. Amancio Ortega, el empresario español dueño de INDITEX, uno de los hombres más ricos del mundo, creó su imperio con el verbo hacer. Hoy en día tiene 82 años y sigue yendo a su fábrica cada día. ¿Recuerdas la frase **"si tú hicieras todo lo que dices que vas hacer, podrías ser lo que quisieras"**?

Se tú mismo, ponte un objetivo, ponte una meta, piensa en la recompensa y no pares hasta conseguirlo.

> *"A qué esperas, pasa a la acción. Si los demás lo han conseguido, tú también puedes".*

17. METAS

"Establecer metas es el primer paso para transformar lo invisible en visible".

Anthony Robbins

¿Qué es una meta?

Lugar o punto en el que termina una carrera.

«El corredor levantó los brazos al llegar a la meta».

Fin al que se dirigen las acciones o deseos de una persona.

«Me pregunto ¿cuál es tu meta en la vida?».

Mi vecino Alejandro es un entusiasta del maratón, cada día sale a correr por la mañana muy temprano dos horas antes de ir a trabajar. El otro día me lo encontré y me contó que se estaba preparándose para ir a la maratón de la ciudad de Valencia, una de las más bonitas que se celebran en España y que le hacía muchísima ilusión.

—¿De qué trabajas? —le pregunté.

—De *manager* —me contestó.

—Ah, bien. ¿Y cómo llevas eso de hacer maratón con tu trabajo?

—Me ha enseñado mucho el correr maratón para mi trabajo.

—¿Me podrías decir en qué?

—Si, por supuesto: al preparar las metas para el equipo.

—¿Cómo? ¿Me lo puedes explicar?

—Sí, claro —añadió—. Yo, cuando corro una maratón me pongo unas metas. La primera es cumplir los primeros 200 metros, la segunda conseguir el primer kilómetro, la tercera alcanzar los 5, la cuarta los 10, la quita cumplir los 20 y la sexta llegar al final entre los diez primeros. Con esto he aprendido que las metas deben ser alcanzables, deben ser observables y darse en un tiempo determinado.

—¡Genial! —le tuve que decir—. Me has definido las metas como concepto. ¿Corres en más maratones? —añadí.

—Sí. Corro en tres cada año, incluida la de Nueva York. La primera la tengo el mes próximo, la segunda en tres meses y medio y la última en el mes de diciembre —me contestó.

—¿Y qué pretendes conseguir?

—Poder hacer las seis grandes.

—Así tienes tres tipos de metas: a corto plazo, medio plazo y largo plazo —concluí.

—Si, como en el trabajo —confirmó.

Sí, todos tenemos metas que cumplir a lo largo de nuestra vida. Aprender un idioma, perder peso, mejorar la relación familiar, montar un negocio, escribir un libro, etc.

La palabra meta proviene del latín y designaba a una serie de objetos cónicos que se colocaban en los extremos de la pista de carreras del circo romano, marcando el inicio y el fin de la trayectoria.

Atendiendo a su cometido final, pueden ser:

De dominio. Aquellas cuyo cometido es acumular conocimientos o capacidades, que representan un mayor alcance o potencia para quien las cumple.

De desempeño. Aquellas que se cumplen al demostrar las capacidades a los demás o destacar dentro de una población determinada.

De evitación. Aquellas que se cumplen cuando se evita un trámite o riesgo, se cumple rápidamente una acción o se evita del todo cumplirla.

Las metas pueden ser sumamente diversas, ya que dependen de las aspiraciones de cada persona u organización.

18. GESTIONA TU TIEMPO

Esta es la clave para la gestión del tiempo: ver el valor de cada momento.

Menachen Meldel Schneerson

El tiempo es un regalo con fecha de caducidad que nos dan al nacer. Es un tesoro que debemos de aprovechar al máximo y, para ello, no hay mejor fórmula que planificarlo y gestionarlo.

Cada mañana, cuando voy a trabajar, al primero que veo en la oficina es a Aldo, un ejecutivo comercial que siempre brilla por sus buenos resultados.

El otro día le pregunté:

—¿Cómo es que siempre eres el primero en llegar a la oficina y lo haces cada día?

—Porque gestiono mi tiempo y eso me da libertad —contestó.

—¿Libertad?.

—Sí, libertad. Tengo todo mi trabajo planificado en el día y así me da tiempo también para mantener una vida familiar feliz y ordenada.

—¿Y cómo lo haces?

—Mira, te enseño mi agenda.

Increíble, todo el día planificado y ordenado, incluso las horas que pasa con su mujer y sus hijos. Entonces entendí el porqué de sus buenos resultados.

La gestión del tiempo es primordial hoy en día para un profesional. Aumenta tu productividad, el equilibrio de tu vida laboral y familiar, evita el agotamiento, crea buenos hábitos y establece objetivos, entre otros.

¿Cómo debemos gestionarlo? Primero, **comprendiendo por qué la administración del tiempo es importante.** Se trata de comprender los beneficios que te da usar un método de gestión del tiempo. Planificar y priorizar son las bases para tomar el control de nuestro tiempo y nuestra vida. **Para ello te propongo estos consejos según los expertos:**

1. Comprende por qué la administración del tiempo es importante. Se trata de comprender los beneficios de usar nuestro tiempo sabiamente.

2. Sé realista sobre cuánto trabajo puedes hacer en un día. Porque más tiempo no significa más productividad. La forma más eficaz de administración del tiempo es programar cuándo y en qué trabajarás.

3. Descubre dónde estás perdiendo el tiempo. Cuanto más entiendas cómo pasas tu día, más impactantes serán tus esfuerzos de gestión del tiempo.

4. Establece metas diarias y alertas de cómo estás empleando el tiempo. Una vez que tengas una visión general de cómo estás empleando tu tiempo, puedes comenzar a hacer cambios diariamente.

5. Crea una rutina matutina que te motive. Una buena rutina matutina puede prepararte para un día de trabajo productivo y significativo, ya que te da la oportunidad de comenzar con un impulso positivo que aprovecharás durante el resto del día.

6. Renuncia a la multitarea. Los estudios han demostrado que es imposible para los humanos concentrarse en más de una tarea a la vez. Cuando te encuentres perdiendo el foco, detente y escribe lo que estás pensando antes de volver a la tarea que tienes entre manos.

Priorizar el trabajo significativo y delegar el resto. Una vez que sabemos a dónde va nuestro tiempo hay que decidir en qué deberíamos y no deberíamos dedicar nuestro tiempo, explica MacKay. Para ello:

7. Separa lo urgente del trabajo importante. Distinguir lo que es urgente de lo que no lo es y lo que es importante o no lo es, te ayuda priorizar tu tiempo y a trazar un calendario que te permita hacer más del trabajo importante y menos de lo que no es importante.

8. Prioriza. Elige los objetivos principales y céntrate en ellos.

9. Delega tareas. Tomarse el tiempo para delegar y entrenar a otra persona para que te lo haga.

10. Recupera el «no» en tu vocabulario. Decir «no hago» algo, en vez de «no puedo», te permite separarse de compromisos no deseados mucho más fácilmente.

11. Establezca los horarios, no los plazos. En lugar de darte un plazo para lograr un objetivo en particular, elige un objetivo que sea importante y luego establece un cronograma para trabajar en consecuencia.

19. AUTODISCIPLINA

"En la lectura de la vida de los grandes hombres descubrí que la primera victoria que ganaron fue sobre sí mismos. Autodisciplina, para todos ellos era lo primero".

Harry S. Truman

Autodisciplina:

Disciplina que una persona se impone voluntariamente a sí mismo sin ningún control exterior.

Es una de las principales características de "Los Pilares Principales Del Éxito"

¿Por qué la autodisciplina es tan importante?

Porqué mediante **la autodisciplina** no importa si estás motivado o no, si quieres o deseas hacerlo. Simplemente lo haces.

Es la capacidad de realizar acción enfocada sin permitir que nada se interponga en tu camino.

Es una herramienta que te permite persistir en tus metas sin tanto esfuerzo y que, por tanto, te permite lograr el éxito más fácilmente, como un piloto automático.

Imagínate que un día te despiertas con tos y quieres dejar de fumar. Te dices a ti mismo «tengo que dejar de fumar». Sin autodisciplina esa intención se convertiría, simplemente, en un deseo, pero con autodisciplina se convertirá en un hecho y lograrás prescindir del tabaco.

El aspecto más importante de la autodisciplina es la habilidad que tienes para llevar a cabo las cosas, sin importar tu estado emocional.

Consejos para crear autodisciplina según los expertos:

Practica autodisciplina cada día. Por ejemplo, levántate y acuéstate todos los días a la misma hora (incluso sábados, domingos y festivos).

Calibra tus expectativas y tus capacidades.

Imagínate que una persona dice «yo quiero ser disciplinado en el gimnasio levantando pesas», entonces va al gimnasio y lo primero que hace es coger las primeras mancuernas que ve, las que pesan 25 kg. Es muy probable que no vaya a poder levantarlas y, si lo hace, se va a lesionar. **Empieza siempre por algo que puedas hacer.**

Facilita tu toma de acción.

Es muy difícil lograr ser disciplinado en algo que necesite mucho tiempo para empezar. Cuanto más requiera para iniciar una actividad, más complicado resultará ser disciplinado. Empieza de inmediato.

Utiliza la fuerza de voluntad para arrancar.

Establece un plan de acción.

Determina todos los elementos necesarios para llevarlo a cabo.

Adecúa el ambiente.

Actúa sin necesidad de pensar.

Trabaja inteligentemente. Utilizando los recursos, el ingenio y la creatividad.

Enfócate al 100% en una actividad hasta que la termines.

Concéntrate sólo en lo que estás haciendo, sin pensar en nada más.

Ten muy claro lo que haces y por qué lo haces.

¿Por qué muchas personas dicen «yo quiero ser disciplinado en mi trabajo», pero luego no lo cumplen? Sencillamente, porque no tienen motivación ni claro su objetivo, ni tampoco metas que alcanzar.

Por lo tanto, antes de hacerlo tienes que tener claro:

¿Por qué quieres hacerlo?

¿Cuáles son los motivos que te llevan a ello?

Y, sobre todo:

¿Qué piensas conseguir con ser disciplinado?

"Recuerda que tus objetivos tienen que tener un porqué, una razón, una motivación. Sólo así funcionara tu autodisciplina".

20. NO MENTIR

"Nadie tiene la memoria suficiente para mentir siempre con éxito. Podrás engañar a todos durante algún tiempo, podrás engañar a alguien siempre, pero no podrás engañar siempre a todos".

Abraham Lincoln

Un líder no necesita mentir, simplemente no contestes o responde con evasivas si te preguntan algo comprometido o que no te interesa contestar.

Recuerda: **"Las mentiras siempre se vuelven en contra y serás esclavo de ellas".**

10 razones para no mentir según los expertos:

Te haces daño a ti mismo.

Cada mentira que dices te aleja más de la persona que realmente eres y eso hará que no te sientas bien, impidiéndote mejorar y avanzar.

Haces daño a los demás.

Las mentiras corroen cualquier relación y te alejan de las personas al establecer un muro de engaños entre tú y ellas.

Genera ansiedad.

El mentir te provocará un sentimiento de culpa y remordimiento que hará que no estés tranquilo, manteniéndote siempre en estado de alerta para continuar mintiendo.

Te vuelve inseguro.

El creer que tienes que mentir mina tu confianza en ti mismo. Debes ser capaz de decir la verdad, independientemente de lo que opinen o piensen los demás.

Es una manipulación.

La mentira no es más que adaptar las circunstancias a lo que más te conviene, olvidando que estás engañando a los demás, a los que niegas el poder conocer la verdad.

Denota egoísmo.

Sólo piensa en lo que, suponemos, es bueno para ti, mintiendo sobre lo que crees que te perjudica, independientemente del daño que les pueda ocasionar a los demás esa mentira.

Es una muestra de cobardía.

Al utilizarla para eludir problemas, aprendemos que es mucho más fácil mentir que hacer frente a las responsabilidades o asumir los errores que podamos cometer.

Victimismo.

El no enfrentarnos a la verdad hará que caigamos en el recurso fácil de pensar que las cosas que nos ocurren siempre son por culpa de los demás, cerrándonos de esta manera la puerta para el cambio.

Mantiene una falsa imagen de uno mismo.

El no mostrarte cómo eres, con tus cosas buenas y con tus defectos, hará que nunca cambie, además de suponer un desgaste emocional tremendo al tener que vivir siempre bajo la máscara del personaje inventado.

Es emocionalmente devastador.

El acostumbrarse a mentir como recurso para afrontar situaciones desagradables o conflictivas hará que te alejes de conseguir el necesario equilibrio emocional para llevar una vida satisfactoria y en paz con nosotros mismos. Nos convierte en personas débiles y, al final, infelices.

21. SE EQUILIBRADO

"No es lo que te pasa lo que determina lo lejos que llegarás en la vida. Es la forma de manejar lo que te pasa".

Zig Ziglar

Hay personas que se caracterizan por ser emocionalmente equilibradas y se controlan ante cualquier situación. Sin embargo, otras son incapaces de hacer frente a sus emociones. Se encuentran desbordadas, no estando preparadas para responder ante los acontecimientos que se les presentan.

Encontrar el equilibrio emocional no tiene por qué ser difícil. Simplemente, necesitamos hacer algunos pequeños cambios internos que nos ayudarán a aceptar y controlar tus emociones de una forma más eficaz. Te recomiendo cinco consejos que te ayudaran a manejar tus emociones según los expertos:

1. **En lugar de reaccionar, responde.**

Las personas emocionalmente equilibradas se paran un momento a pensar antes de actuar, así consiguen desconectarse y tomar perspectiva de la situación favoreciendo una respuesta adecuada y más acertada que el impulso de una reacción emocional.

Una reacción en caliente hace que no controles tus emociones y estallen tus impulsos, por lo que no serás tú mismo si actúas en ese momento. En ese caso, cuenta siempre hasta diez antes de actuar.

2. **Honran la realidad de tus emociones.**

Imagínate que te han despedido del trabajo. ¿Cómo te sentirías? Naturalmente mal, muy nervioso o con miedo ante la incertidumbre.

¿Por qué pelear contra esto?

La persona equilibrada no lucha contra sus emociones, sino que las acepta. Es decir, comprende que sus sentimientos forman parte de los acontecimientos y que la tristeza cumple su función. Esta forma de manejar el interior de uno mismo facilita que una persona no se vea atrapada por sus estados aflictivos. De esta forma, no frenan su futuro o destrozan su pasado.

No aceptar nuestras emociones con normalidad genera un estado negativo el cual tenemos que evitar.

3. **Las personas equilibradas reflexionan sobre lo que en verdad les hace sentir bien.** Al mismo tiempo, piensan sobre cómo pueden generar pequeños placeres de forma constante. Este tipo de personas saben que los mayores placeres radican en el interior. Buscar fuera la felicidad es caminar en la dirección equivocada, pues lo externo es efímero y cambiante.

Practicar el amor propio nos otorga un gran poder, pues no depender de los demás para sentirnos bien hace que sintamos lo que queremos percibir todo el tiempo.

4. Se mueven para despejar la mente.

Cuando nos sentimos tristes, estresados o ansiosos no conseguimos sacar de nuestra cabeza la vorágine de sentimientos negativos. Una forma de volver a conectar con nosotros mismos es el movimiento. Realizar ejercicio físico es una forma magnífica para despejar la mente. A través del movimiento podemos hallar la calma que necesitamos. Permanecer en una actitud sedentaria no nos beneficia en nada, simplemente, le das vueltas a los mismos pensamientos una y otra vez.

Movernos y estar activos facilita la toma de perspectiva, agita nuestros nervios y nos hace sentir vivos.

5. La gratitud.

Practicar la gratitud y el agradecimiento es tremendamente beneficioso para nuestro equilibrio emocional, ya que nos entrena a buscar lo positivo. Estamos acostumbrados a tener todo o casi todo aquello que necesitamos. Somos unos afortunados y no lo sabemos. Abrimos la nevera y encontramos comida. Apretamos un interruptor y «se hace» la luz. Agradecer todo aquello que tenemos es una forma de darnos cuenta de lo privilegiados que somos.

Para cultivar la gratitud, podemos tratar de compartir con las personas que nos rodean aspectos positivos de nuestro día a día, como la sonrisa, saludar y ser amables.

Cuidar nuestro bienestar emocional nos hace sentir verdaderamente bien y aprovechar al máximo nuestra vida. Al sentirnos equilibrados emocionalmente podemos centrarnos en nuestros sueños, trabajar nuestras expectativas y sentirnos conectados con nosotros mismos.

De esta forma, seremos mucho más productivos y tomaremos más y mejores decisiones, lo que redundará en una mejor salud psicológica y física.

22. SEMBRAR PARA RECOGER

"Si se siembra la semilla con fe y la cuidas con perseverancia, sólo será cuestión de tiempo recoger sus frutos".

Thomas Carlyle

Como todo en la vida si quieres recoge, antes tienes que sembrar, Si siembras amistades tendrás un montón de amigos.

"Yo voy mucho a la Toscana desde hace más de 25 años, tengo muchísimos amigos y conozco a muchísima gente. Me quedé sorprendido cuando fui a comer a Vinci, un pueblecito de la Toscana, famoso por ser el pueblo donde nació Leonardo di ser Piero, «Leonardo da Vinci», con mi gran amigo Giordano. Cuando bajamos del coche para ir al restaurante a comer, todo el mundo que pasaba por ahí se paraba a saludarlo, así que le pregunté:

—¿Eres el alcalde del pueblo?

—No lo soy —contestó.

—¿Y cómo es que te saluda toda la gente?

—Muy sencillo: hablo con todo el mundo y me porto bien con ellos.

Ese es el secreto que aprendí aquel día: quien siembra, recoge".

En la Toscana, te valoran más por la cantidad de amigos que tienes que por el dinero que llegues a conseguir.

Por el contrario, quien siembra vientos recoge tempestades. Es un proverbio del refranero español que nos viene a decir: si tratas mal a la gente, cuando necesites algo de ellos también te tratarán mal.

En los negocios, como en la vida, es importantísimo sembrar. Cuando le preguntaba a mis comerciales los lunes por la mañana las previsiones de la semana, se veía claro el que había sembrado y el que no. El comercial que había hecho prospección los días anteriores tenía unas previsiones claras y buenas tanto para la semana como para el mes. En cambio, el comercial que no se había preocupado de esa prospección ni de sacar referencias presentaba unas malas previsiones, tanto para la semana como para el mes, por lo que le debía trabajar el doble yendo a remolque de sus compañeros para lograr sus resultados.

"Sembrar", tal como es utilizado en este dicho, vendría a ser una metáfora agrícola. Lo que sembramos, lo recogemos.

"Cosechar" se refiere a aquello que obtenemos al momento de recoger los frutos de lo que hemos sembrado. La cosecha es representativa de nuestro trabajo de siembra. Si la cosecha es buena, es porque hemos trabajado adecuadamente.

Podemos sembrar con nuestras acciones: las buenas acciones siembran amistad, cariño y solidaridad.

Las malas acciones, en cambio, sólo traen enemistad, odio y desprecio.

"Una buena siembra deriva siempre en buenos resultados". Por eso, esta sentencia popular también tiene implícita la idea de recompensa, que de hecho existe en un proverbio análogo: «el que bien siembra, bien cosecha».

Este proverbio es utilizado, sobre todo, para recordarnos que si actuamos mal en nuestras vidas y hacemos mal a los demás, cuando necesitemos de ellos, no estarán allí.

En inglés, por su parte, podemos traducir este refrán como *"you reap what you sow"* (cosechas lo que siembras).

23. POSITIVIDAD

"Cuando remplaces los pensamientos negativos con los positivos, empezarás a tener resultados positivos".

Willie Nelson

Ser positivo es una elección.

Tú tienes la capacidad de decidir, qué pensar, qué sentir y cómo actuar. Si tomas la decisión de que quieres ser positivo, tu vida empezará a cambiar, comenzarás a desarrollar la consciencia necesaria para el cambio en tu forma de pensar y actuar en positivo.

Lo primero que debes de hacer es deshacerte de toda la negatividad que haya en tu vida.

Si no te gusta alguna cosa de tu vida, cámbiala. Sabes que eres una persona libre y el dueño de ella, sólo tú decides qué quieres hacer con tu destino.

¿No estás a gusto con tu trabajo? Cambia de trabajo.

¿No estás a gusto con tu pareja? Cambia de pareja.

¿No estás a gusto con tu cuerpo? Ve a un gimnasio y moldéalo.

¿No estás a gusto con tu religión? Cambia de religión.

¿No estás a gusto con tus amigos? Cambia de amigos.

¿No estás a gusto con tu vida? Cambia de vida.

Toma la decisión hoy mismo y empieza a ver la vida desde otra perspectiva. La historia ha demostrado que aquellos con una visión optimista sobre la vida generalmente son los que encuentran el éxito.

Para mí, cambiar mi actitud mental de una negativa a una positiva resultó decisiva para triunfar, tanto personal como profesionalmente. Cuando cambié mi mentalidad e incrementé mi positivismo, pasé de un estado de depresión a iniciar un negocio exitoso.

Consejos para aumentar tu positividad según los expertos:

Expresa gratitud. Una de las formas más fáciles de incrementar tu positivismo es ser agradecido por lo que tienes actualmente. La gratitud es un sentimiento que hace desaparecer el miedo y todas las negaciones.

Sé generoso. Los sentimientos negativos a veces son causados por enfocarse en los aspectos menos agradables de la vida. Comparte tus habilidades con las personas que te rodean. Si alguien te pide consejo, dáselo. Piensa que los pequeños gestos pueden causar un cambio en la perspectiva de otras personas

Nunca pierdas el control. Antes que perder el control, gestiona tu respiración. Hay un proverbio que dice que «quien controla su respiración, controla su vida».

Visualiza el éxito. El visualizar el éxito es una herramienta que utilizan muchos deportistas de éxito (Fernando Alonso, por ejemplo). Antes de comenzar una carrera da una vuelta al circuito y memoriza cada curva, así sabe de antemano dónde tiene que girar, cómo cogerla, cómo salir de la tercera posición de la parrilla y adelantar él antes de coger la primera curva, etc. Un corredor de esquí memoriza el trayecto y sabe dónde tiene que girar para ganar tiempo en la salida de cada curva, etc. A esto le llaman «el poder de la visualización» (Tiger Woods).

Medita. Guárdate diez minutos al día para meditar. A través de la meditación puedes soltar emociones negativas que te están haciendo retroceder para conectarte con tu ser.

Sepárate de las personas negativas. No te hacen ningún bien, son personas que, en lugar de ayudarte a triunfar, hacen que te deprimas, ya que ellos nunca han alcanzado el éxito. Es más, ni siquiera lo han intentado: van cargados de energía negativa y contaminan todo lo que tocan.

Rodéate de las personas positivas. Estos se alegraran de que triunfes, te darán ánimos para que sigas adelante. Son gente alegre con ilusiones y retos en sus vidas.

Celebra tus éxitos. Todo éxito merece ser celebrado: coge a tu pareja y vete a cenar; discoteca, bebe, baila, celebra.

Actívate cada mañana haciendo media hora de gimnasia u otro tipo de deporte antes de ir a trabajar. Despeja la mente y te sentirás mejor durante todo el día

Come sano. Controla tu alimentación_ no dejas de ser un deportista profesional en busca de éxitos profesionales.

Como ves, para ser más positivo sólo debes empezar por querer serlo. Pensamientos positivos, motivación, autoconocimiento, meditación, ejercicio, comida sana.

¡Que no se te haga una montaña!

Empieza ya.

24. AQUÍ Y AHORA

"Sólo hay dos días en el año en que nada se puede hacer. Uno se llama Ayer y el otro se llama Mañana. Hoy es el día adecuado para amar, crecer y, sobre todo, vivir"

Dalai Lama

La mayoría de las personas en el mundo vive en grandes ciudades llenas de automóviles, de contaminación, de enormes edificios, bares, restaurantes, comercios, oficinas, industria, etc.; con un ritmo trepidante donde todo se mueve muy deprisa. Siempre vamos deprisa, nos levantamos deprisa, desayunamos deprisa, nos marchamos a trabajar deprisa, comemos deprisa, recogemos a los niños deprisa, cenamos deprisa y nos vamos a dormir deprisa. Se nos pasan los días deprisa, las semanas, los meses y los años, hasta que nos hacemos viejos y, entonces, nos damos cuenta de que hemos desperdiciado nuestra vida y nos preguntamos ¿por qué fuimos tan tontos de no haber disfrutado del hoy?

Haz de tu día un día diferente, vuelve a casa por un camino distinto, párate en la calle y mira un escaparate, tómate una cerveza con los amigos, apúntate a un gimnasio, no caigas en la monotonía.

"Un hombre se le acercó a un sabio anciano y le dijo:

—Me han contado que tú eres sabio. Por favor, dime: ¿qué cosas puede hacer un sabio que no estén al alcance de las demás personas?

El anciano le contestó.

—Cuando como, simplemente, como. Duermo cuando estoy durmiendo. Cuando hablo contigo, sólo hablo contigo.

—Pero eso también lo puedo hacer yo y no por eso soy sabio —le contestó el hombre, sorprendido.

—Yo no lo creo así —le replicó el anciano—. Cuando duermes recuerdas los problemas que tuviste durante el día o imaginas los que podrás tener al levantarte. Cuando comes estás planeando lo que vas a hacer más tarde. Y, mientras hablas conmigo, piensas en qué vas a preguntarme o cómo vas a responderme, antes de que yo termine de hablar".

"El secreto es estar consciente de lo que hacemos en el momento presente y así disfrutar cada minuto del milagro de la vida".

25. TOMA EL CONTROL DE TU VIDA

"Tomar responsabilidad personal es algo hermoso porque nos da un control completo sobre nuestro destino".

Heather Schuck

Para que comiences a tomar el **control de tu vida**, aumentar tu **autoestima** y obtener todo lo que te propongas, te compartimos estas excelentes y sencillas estrategias según los expertos:

1. **Cierra etapas.** No puedes comenzar algo sin haber cerrado el pasado. Todo aquello que sientas que ya no tiene que estar, quítatelo de encima. Si te parece más sencillo, haz una lista de personas y cosas pasadas que debes olvidar.

2. **Averigua lo que quieres.** Es muy bueno tener sueños y metas en la vida, el problema reside en no centrarse en lo que quieres.

Para modificar ese comportamiento crea una "pirámide de vida", coloca lo que más quieres lograr en la cima, y prosigue así con otras metas por orden de importancia hasta el final. Después anota tres maneras en las que trabajarás para alcanzar o mantener estos objetivos.

3. Planea tu tiempo. Siempre tienes la opción de decidir qué hacer con tu tiempo. No se trata de que estés ocupado al máximo, incluso los momentos de descanso son algo en lo que debes pensar. Cuando planeas tus actividades tienes más control de lo que puede suceder.

4. Olvida el azar. Siempre es bueno tener fe en que las cosas buenas pasarán, es parte de la motivación, sin embargo, no puedes dejar que sólo suceda. El trabajo que realices como la persona responsable de tu vida es lo que te ayudará a lograrlo.

5. Deja de dar excusas. Acéptalas. Todas las personas tienen "razones" por las que hacen o no las cosas, pero son éstas las que te impiden mejorar un mal comportamiento. Erradicarlo consiste en aceptar los errores y planear cómo evitar que vuelvan a ocurrir.

6. Cuida tus palabras. Una vez dichas, no hay manera de regresar. Si buscas que todo sea lo más cercano a lo que quieres, piensa el mensaje antes de expresarlo, pero jamás te quedes callado. Y cuando creas que te equivocaste, actúa rápidamente aclarándolo o pidiendo disculpas.

7. Agradece. La gratitud puede abrirte puertas, por lo mismo debes agradecer lo bueno y lo malo, porque todo te ha enseñado cómo debes seguir viviendo, lo que debes o no hacer, personas con quien estar. Sobre todo, cómo tener más control sobre tu vida, según indica David Montalvo.

Otra de las cosas que tienes que saber es que este es un proceso en el que no estás solo. Si te sientes perdido, un consejo profesional puede ayudarte a retomar el rumbo. Tomar el control de tu vida te ayudará a ser más feliz y encontrar la paz.

26. SOLUCIONA LOS PROBLEMAS EN EL DÍA

"La mayoría de la gente gasta más tiempo en hablar de los problemas que en buscar una solución".

Henry Ford

No dejes de resolver los problemas en el día. Si los dejas, crecerán y se convertirán en elefantes y te costará mucho más tiempo resolverlos con el enfado propio de quien los padece.

Hoy en día, las empresas ponen mucho esfuerzo y medidas en solucionar los problemas que tengan sus clientes en el día, ya que es un arma magnífica que aprovechará la competencia para quitarles clientes si no lo hacen así.

Los problemas pueden ser técnicos, administrativos, de mala gestión, etc. Por eso es muy importante crear un manual de solución de problemas y tener gente especializada. Por ejemplo, si el inconveniente es técnico, debe que haber un profesional al cual llamar para que nos dé la solución. Si incidencia es de índole administrativa, tiene que existir una persona de administración encargada de solucionarla. Y si el problema es de mala gestión del comercial, se hablará con él para resolver la cuestión.

Las empresas grandes ya tienen unos equipos de *Call Center* para recibir las llamadas de los clientes con problemas y poder darle una solución rápida, si es posible en la misma llamada. Incluso han creado una regla de medir: el NPS. Consiste en la llamada de la empresa al cliente y hacerle tres preguntas concretas:

Que valoren del 0 al 10 si le han solucionado el problema en la primera llamada.

Que valoren del 0 al 10 cuál ha sido el grado de satisfacción de la persona que lo ha atendido.

Y si recomendaría esta empresa a algún amigo o familiar.

Igual pasa en el mundo comercial. Se valora muchísimo la atención que los comerciales le dan a sus clientes y la manera de resolver las incidencias.

"Recuerda: un problema solucionado es un cliente ganado".

Pasos para resolver un problema:

- **Identificar el problema.**

    Es imprescindible identificar el problema para poder resolverlo de la mejor manera posible y en el menor tiempo posible.

- **Describir el problema.**

    Tenemos que tener claro cuál es la situación actual y de donde partimos. Es necesario recopilar información, llegar al fondo del problema y así, de esta manera, podemos darle solución.

- **Buscar todas las posibles soluciones.**

  Analizados todas las soluciones posible.

- **Implantarla.**

  Parece algo sencillo si lo hacemos rápido. No hay que dejar que se complique.

Recuerda: lo importante no es el problema, sino la solución.

Sí, haz las cosas sencillas. No te compliques. En la sencillez, muchas veces, está la solución.

También, una manera de resolver un problema es anticipándote a él. Una vez que le has vendido un producto o servicio a un cliente, lo mejor es hacerle una llamada de cortesía y preguntarle si todo está bien, ofreciéndole que, si tiene alguna duda o problema, no dude en contactar contigo. Así tendrás al cliente satisfecho y si necesita algún producto o servicio más, será a ti a quien llame.

27. INTELIGENCIA EMOCIONAL

"Al menos el 88% del éxito en la edad adulta proviene de la inteligencia emocional"

Daniel Coleman

Daniel Goleman propuso la idea de que la gestión positiva de las emociones era más determinante para el éxito en la vida que el coeficiente intelectual.

"La inteligencia no es sólo racional, sino que también existe la inteligencia emocional".

Todos nosotros tenemos dos mentes, una que piensa y otra que siente, y estas dos formas fundamentales de conocimiento interactúan entre sí para construir nuestra "vida mental". **El cerebro emocional responde a un acontecimiento más rápido que el cerebro racional**. Por eso es importante la inteligencia emocional para controlar nuestras emociones. Por ejemplo: si estamos enfadados con nuestro jefe, la próxima vez que nos increpara algo, el cerebro emocional entraría automáticamente y nos haría reaccionar bruscamente contra este individuo, sin embargo, al pasar por el cerebro racional se tranquiliza dándonos tiempo a pensar una respuesta adecuada a cada situación. Gracias a la inteligencia emocional controlamos el impuso y reaccionamos con inteligencia.

Según Daniel Goleman: «Las emociones son poderosas y se dominan con la inteligencia emocional. Todas las emociones son impulsos que nos llevan a actuar, programas de reacción automática con los que nos ha dotado la evolución. El control de la vida emocional y su subordinación a un objetivo resulta esencial para mantener la atención, la motivación y la creatividad. Las emociones negativas intensas absorben toda la atención del individuo, obstaculizando cualquier intento de atender a otra cosa».

También del mismo autor, «La inteligencia emocional es determinante en el aprendizaje y en el éxito académico. *El logro real no depende tanto del talento como de la capacidad de seguir adelante a pesar de los fracasos. Se han descubierto siete ingredientes cruciales relacionados con la inteligencia emocional: confianza en sí mismo y en los demás, curiosidad, intencionalidad, el deseo de tener un impacto, autocontrol, conexión con los demás, capacidad de comunicar y habilidad de cooperar».*

Realizaron un experimento con niños de cuatro años en un colegio de EEUU: les dieron un caramelo a cada infante de la clase y les dijeron que si no se lo comían antes de que volviera la profesora, recibirían como recompensa dos caramelos más. La docente se ausento cinco minutos de la clase y, cuando volvió, dos tercios de la clase no se lo habían comido. Controlaron su impulso y esperaron para coger la recompensa. En cambio, el otro tercio de niños no pudieron resistir la tentación y se los comieron. Unos años más tarde comprobaron que los niños que no se habían comido el caramelo eran más inteligentes, sacaban mejores calificaciones, tenían una relación mejor con sus compañeros y eran más felices que el grupo que sí se comió el caramelo.

Según Daniel Goleman: «la inteligencia emocional nos muestra cuál es el liderazgo positivo. *El liderazgo no tiene que ver con el control de los demás sino con el arte de persuadirles para colaborar en la construcción de un objetivo común».* "Conócete a ti mismo" es una máxima para Daniel Goleman sobre inteligencia emocional. *El conocimiento de uno mismo, constituye la piedra angular de la inteligencia emocional.*

28. PREDICA CON EL EJEMPLO

"Dar ejemplo no es la principal manera de influir sobre los demás: es la única manera".

"Albert Einstein"

Cuentan esta historia:

Una mujer fue junto con su hijo a ver a Gandhi para pedirle que consiguiese que su hijo dejase de comer azúcar. Gandhi le contestó: «traiga usted otra vez a su hijo dentro de dos semanas».

Dos semanas más tarde, la mujer regresó con su retoño tal y como el gurú le requirió. Gandhi se volvió y le dijo al niño: «deja de comer azúcar».

La mujer, muy sorprendida, le preguntó: «¿Por qué tuve que esperar dos semanas para que usted le dijese eso? ¿Acaso no podía habérselo dicho hace quince días?».

Y el sabio le respondió: «No, porque hace dos semanas yo comía azúcar».

Sin duda, una gran lección nos dio el gran maestro Gandhi. Por eso fue un gran líder.

¿Te atreves a predicar con el ejemplo?

Predicar con el ejemplo es lo más sabio que puedes transmitir. Como dijo Stephen Covey: «Tus actos siempre hablan más alto y más claro que tus palabras». Porque los hechos son la forma de concretar lo que se dice y porque decir una cosa y luego hacer otra es auto desacreditarse.

Todos, como seres humanos, **somos lo que hacemos y no lo que decimos ser**. Los hechos son la palabra más importante. Son tu mejor descripción. No podemos pretender enseñar lo contrario de lo que practicamos y, sobretodo, **no podemos pedir lo contrario de lo que hacemos.**

El predicar con el ejemplo es el arma más poderosa que un jefe puede tener, ya que no te pueden replicar «si yo lo hago, tú también lo puedes hacer» Así me lo enseñaron a mí y me ha servido de mucho en mi carrera profesional, ya que siempre lo he practicado y me ha ido muy bien.

29. LA IMPORTANCIA DEL SALUDO

"Las palabras amables pueden ser cortas y fáciles de decir, pero sus ecos son realmente infinitos".

Madre Teresa de Calcuta

Saluda siempre al entrar en el trabajo, todos te lo agradecerán, la gente necesita sentirse valorada.

El **Saludo** tiene un gran valor simbólico porque, dependiendo de cómo lo expresemos, será entendido como un gesto de cercanía, de proximidad, de relaciones profesionales o afectivas o un mero gesto de cortesía y de buenas costumbres. Su ausencia demuestra un posible enfado o irritación.

Normas del saludo según los expertos:

Normalmente, **al saludo le suele acompañar el gesto de estrechar la mano**, que debe ser decidido, breve y firme. Evita los **apretones** con poca determinación o muy flojos, pueden transmitir falta de energía, fragilidad o timidez. Por el contrario, un **saludo demasiado fuerte** puede transmitir competitividad y causar una imagen negativa ante los demás.

Mantén el contacto visual con la otra persona siempre que des la mano. Mira a sus ojos sin inclinar la cabeza hacia abajo.

El apretón de manos debe durar, más o menos, el tiempo que las dos personas tardan en decir sus nombres. **Con 3-5 segundos es suficiente.**

En nuestro entorno existe **la tradición de dar dos besos a las mujeres.** Este gesto, si no tienes confianza con la otra persona, no debe realizarse. Este tipo de saludo es **más adecuado en entornos informales.**

Intenta saludar de pie o, al menos, a la misma altura que tu interlocutor. Así que, **si el saludo te sorprende sentado, levántate.**

Si durante la jornada nos cruzamos o encontramos en varias ocasiones con la misma persona, basta con saludarla en el primer encuentro.

Por lo general, el acto de estrechar la mano **lo inicia siempre la persona que posee mayor nivel jerárquico** en la empresa.

En nuestra empresa, **si recibimos una visita**, seremos nosotros los que salgamos a recibirla y, por lo tanto, iniciaremos el saludo.

En el saludo que hacemos a una persona por primera vez, lo normal es utilizar una frase de cortesía del tipo «**encantado de conocerle**», pero si ya hemos sido presentados con anterioridad, servirá un simple «¿cómo está?».

En la presentación, mantén el contacto visual y di **nombre y apellido**. En el ámbito empresarial, añade también tu **cargo**.

Si en la presentación no logras retener el nombre de la persona la primera vez, no te preocupes y pide educadamente que lo repitan: «**Disculpe, ¿podría repetir su nombre de nuevo? No escuché bien**».

En el caso de que desconozcas o no recuerdes el nombre de alguien, **trata de nombrar el cargo**.

Cuando saludas a una persona por primera vez, lo adecuado es utilizar alguna frase de cortesía como «**Encantado**» o «**Encantado de conocerle**». En el caso de que hayamos sido presentados con anterioridad, lo correcto es utilizar fórmulas como «**Me alegro de volver a verle**» o «**¿Cómo está?**»

En los saludos, haz un esfuerzo por dirigirte a tu interlocutor por su nombre. **Trata de no utilizar apodos**, ni siquiera con tus empleados.

Al final de la reunión, da la mano otra vez y di lo bien que ha estado el encuentro. Puedes utilizar una fórmula como **"Gracias por venir, Juan. Ha sido un placer verte"**.

30. TRATA BIEN A TUS EMPLEADOS

"Sólo hay algo peor que formar a tus empleados y que se vayan: no formarlos y que se queden"

Henry Ford

"Los clientes no son lo primero, lo primero son los empleados. Si cuidas a tus empleados, ellos cuidarán de tus clientes".

Richard Branson

Cómo hacer felices a tus empleados.

Una de las cosas que más valoran los trabajadores aparte del sueldo es:

1. El poder desarrollarse y crecer dentro de la misma empresa.

2. El sentirse valorados por la gerencia, los compañeros e incluso los clientes.

3. El que exista un trato justo por parte de la dirección, sobre todo entre los compañeros de la misma categoría o rango.

Tácticas que puedes aplicar para lograr la felicidad de tu personal según los expertos:

Intenta que sean afines a los valores de la empresa.

La primera es que, cada vez que te planteases contratar un nuevo trabajador, deberías tener en cuenta que estos fueran lo más afines posible a la cultura y los valores de tu empresa. Porque si tus empleados comparten las mismas ideas, iniciativas y proyectos que tu marca, se van a sentir mucho más cómodos y fieles al realizar sus tareas.

Especifica las funciones de cada puesto.

Otra cosa que tienes que hacer es definir muy claramente cuáles son las funciones específicas de cada trabajador. Porque no hay nada más frustrante para un empleado que no saber qué es lo que tiene que hacer o cómo tiene que hacerlo.

Crea planes de desarrollo del personal.

También tienes que crear planes de desarrollo para cada uno de los puestos que hayas de cubrir, para que así tus empleados sepan a qué pueden aspirar dentro de la empresa, y qué tienen que hacer para lograrlo. Deberás proporcionarles formación constante para que les haga sentir que están aprendiendo cosas nuevas constantemente y que te preocupas por sus conocimientos.

Sé justo con los sueldos.

Por otro lado, has de procurar que los sueldos sean lo más justos posible en base al puesto que ocupen y la responsabilidad que asuman. Y, si te es posible, establecer opciones de retribución variable para que los empleados puedan optar a ganar un sobresueldo a cambio de un esfuerzo extra.

Evita los favoritismos

Un detalle importante es que debes tener mucho cuidado con los favoritismos y fomentar siempre la igualdad, sobre todo entre compañeros del mismo nivel. En cualquier caso, estar atento ante posible malentendidos provocados por estas circunstancias, para poder darles solución rápidamente, haciéndoles sentir que estás pendientes de ellos. Una actitud atenta por tu parte hará que se sientan tranquilos.

Delega y marca objetivos.

Por otro lado, que les delegues tareas o proyectos les hace sentir que confías en ellos. Pero a la vez es importante que también les establezcas objetivos, porque de alguna manera los empleados necesitan saber que están controlados y que hay alguien velando porque los resultados sean los adecuados.

Reconoce el trabajo bien hecho.

Por supuesto, has de celebrar los éxitos y dar el reconocimiento público merecido cuando los resultados lo merezcan. Ya que esto repercutirá muy directamente en su felicidad y se seguirán esforzando para recibir más reconocimiento.

Otras acciones que puedes realizar para incentivar a tus empleados y que se sientan mejor.

Por ejemplo:

Tener siempre fruta fresca en las oficinas para que los empleados puedan coger lo que quieran.

Organizar eventos sociales del tipo de comidas o cenas cada pocos meses, o incluso salir los viernes una hora antes para tomar cervezas todos juntos.

Prestar atención a las condiciones de las instalaciones, manteniendo cosas como la iluminación, el mobiliario y la higiene en un estado óptimo.

Dar opciones de retribución flexible, del estilo de tickets de gimnasio, guarderías o bonos de transporte.

Preguntar de vez en cuando cómo se encuentran. Para que sepan que también te preocupas por ellos y no sólo por los resultados de la empresa.

La felicidad de tus trabajadores debe tener mucha importancia. Recuerda: tus clientes son tus propios trabajadores. Si se encuentran a gusto generaran mejores resultados.

31. SÉ HUMILDE

"Procura ser tan grande que todos quieran alcanzarte y tan humilde que todos quieran estar contigo".

Mahatma Gandhi

La humildad es una virtud que dignifica a quien la posee y la practica, que hace que reciba el respeto del que la recibe. Por ejemplo: Mahatma Gandhi reconquistó la India nada más y nada menos que a la corona británica, con su humildad y su política pacifista. Grandes empresarios como Amancio Ortega (propietario de Inditex), Bill Gates (propietario de Windows), Mark Zuckerberg (presidente de Facebook) o Richard Branson (presidente de Virgin) practican la política de la humildad. No presumen de lo que tienen, visten sencillo, se comportan de un modo natural; incluso ni tan siquiera visten elegante. Les gusta pasar desapercibidos entre la multitud.

Hay estudios que califican la humildad como un poder. No aquel que tú crees tener por tu propia percepción o por un ego dilatado, sino el poder que otros te dan a través de su reconocimiento, de su admiración, de su agradecimiento, del grado de influencia que tú puedes tener en las personas por lo que les enseñas y/o les das.

El primer gran regalo de la humildad es que te ayuda a no caer nunca en el conformismo. Ser humilde te permite siempre querer lograr más sin tener que presumir por ello, a no creerte "dueño del mundo" o "dueño de la verdad".

Ser humilde te permite diferenciar con más claridad entre aquellas personas que se te acercan con verdadera bondad y las que no.

Ser humilde crea un hábito muy positivo: sentir los logros, objetivos cumplidos y metas de manera natural como producto de tus esfuerzos, acciones y planes y, además, te permite mantener tu motivación en alto y de la manera más sana a través de esos éxitos.

Ser humilde te hace independiente en tus decisiones y acciones pues no buscas complacer a nadie y, a la vez, tu espíritu de servicio es una fortaleza natural.

«El secreto de la sabiduría, del poder y del conocimiento es la humildad.»

Ernest Hemingway

32. ACEPTA LOS CAMBIOS

Cada día me miro en el espejo y me pregunto: «si hoy fuese el último día de mi vida ¿querría hacer lo que voy hacer?». Si la respuesta es no durante demasiados días seguidos, sé que necesito cambiar algo.

Steve Jobs

Estamos en un mundo cambiante, nada es igual de un día para otro. Cambia el tiempo, el universo se está expandiendo, la manera de hacer las cosas, cambia el gusto de las personas, las tendencias en la ropa, los negocios, nuestra vida. Hay nuevos empresas, nuevas formas de resolver problemas; para ello ha ayudado mucho la tecnología: la salida de internet, la robótica, las telecomunicaciones… Esto significa que nosotros también tenemos que cambiar al mismo ritmo que cambian nuestro entorno. Las empresas donde trabajamos hoy, a lo mejor no existen mañana. Por eso tenemos que estar abiertos al cambio y que forme parte de nuestra vida de forma natural.

Para ello te doy unos consejos para aceptar y afrontar los cambios de manera positiva según los expertos:

Di adiós a los ataques de ira.

No sirve de nada. Haz un curso de formación para ponerte al día y busca las mejores estrategias para gestionarlo.

Actualiza tus esquemas.

Quizás alguien te dijo que ibas a tener un trabajo, una pareja y una casa para toda la vida. Pues lo siento mucho, pero nada más lejos de la realidad. "La vida es dinámica e inestable".

De la misma manera que ocurre con el software de tu ordenador y de tu móvil, necesitamos ir actualizando nuestras ideas, nuestra manera de pensar, de hacer, nuestra forma de ver las cosas. Simplemente, acepta y adáptate a los cambios con rapidez.

Supera tus miedos.

Pasa a la acción. Integra el cambio en tu vida de forma natural. No lo ignores, piensa en positivo: las cosas nuevas mejoran tu vida. Sal de tu zona de confort.

Desbloquea tu resistencia.

Todos en algún momento lo hemos pasado mal: un cambio de trabajo, el final de una relación sentimental, la pérdida de algún amigo o familiar. Probablemente, volveremos a sufrir en alguna otra ocasión. Las decisiones que tomamos o que no tomamos, a veces, duelen, aunque esto no significa que no tengamos que tomarlas. En ocasiones, es conveniente que lo provoquemos nosotros mismos siempre y cuando lo hagamos para mejorar.

Analiza minuciosamente los motivos del cambio.

Las implicaciones que tiene y las consecuencias que acarreará. Por ejemplo: si queremos cambiarnos a una casa nueva, analiza los pros y contras como la situación, si hay transportes públicos cerca, el colegio de los niños, etc. Pero si no queremos cambiar de casa o de trabajo, aquí es donde aparece el problema. Haz un análisis riguroso, no te dejes influenciar por los sentimientos y coge la mejor opción.

Ten cuidado con la atención selectiva.

Todo cambio implica un nuevo escenario en el que puedes encontrar problemas que solucionar y oportunidades de las que disfrutar. Tómalo siempre con mentalidad positiva, la negatividad no te aportara nada.

No confundas una consecuencia incómoda con una negativa.

Abandona las actitudes tremendistas y adopta una actitud constructiva y realista.

Un cambio de trabajo será más o menos positivo en función de la actitud con la que lo afrontes. Los cambios suelen ser incómodos en el primer momento, pero beneficiosos a medio y largo plazo.

Anticípate al cambio. No esperes a que el cambio te arrastre: si ya era predecible, anticípate a él; sí no te pillara por sorpresa. Muchos de los cambios nos avisan antes. Aprende a identificar cuándo una etapa termina, para prepararte a abrir una nueva. Por ejemplo: si la empresa donde tú trabajas va mal, busca alternativas; un trabajo nuevo o, por qué no, montar tu propio negocio con el tiempo suficiente. Sin la prisas, pero tampoco sin las pausas; sobretodo, sin el estrés de última hora.

Los cambios son buenos, si los sabes aprovechar para empezar algo diferente y prepararte para crecer profesionalmente.

33. SÉ PRODUCTIVO

"Ser productivo da a la gente una sensación de satisfacción y plenitud que la holgazanería no consigue".

Zig Zigla

Una vez me dijo uno de mis jefes: «Cuida siempre de ser productivo. Que a la empresa no le cuestes dinero por tu trabajo». Esas palabras las llevo grabadas en mi cabeza y siempre me han servido para esforzarme y así lograr objetivos, tanto en mi vida profesional como en la familiar.

Hoy en día es básico ser productivo en todo lo que hagas. Piensa que la competencia es muy grande y tu puesto será envidiado por otros muchos trabajadores que esperan que fracases para poder ocuparlo ellos.

Por eso tenemos que ser productivos siempre, tanto para el que empieza en su vida profesional y tiene aspiraciones a crecer y que se fijen en él, como el que ya lo está y no quiere que la empresa lo reemplace porque su rendimiento es bajo. Igual sucede en el mundo empresarial si sus trabajadores no son productivos: necesitará más trabajadores para hacer lo mismo con la consecuente subida de gastos fijos y, por ende, la poca competitividad en el mercado, lo cual podría significar el cierre. Por ejemplo: un ejecutivo se fue a vivir a una ciudad de Suecia con un contrato de trabajo en una empresa de inversiones, vio el primer día que la gente hacia un horario diferente al que él tenía en España (de 9 a 14 y de 16 a 19 horas), con dos horas para comer. En cambio, allí empezaban a las 8 horas y terminaban a las 15 con media hora para almorzar. A él, por ser nuevo, le parecía que la gente trabajaba pocas horas, así que se quedaba hasta las 18. Fue así que, al cabo de dos días, lo llamo su jefe al despacho y le preguntó: «¿Por qué te vas tan tarde a tu casa y no haces el mismo horario que tus compañeros?» A lo que él le contesto: «así termino todo con más tiempo». Entonces, su jefe le añadió: «Si tú no eres capaz de hacer tu trabajo en las mismas horas que lo hacen tus compañeros, mañana mismo estás despido».

Este es el mundo que vivimos. O te adaptas o estás fuera del mercado.

Consejos para volverte una persona más productiva, según los expertos:

1. Planifica tu tarea el día anterior.

Es importante elegir qué tareas vas a hacer cada día. Así te obligas a ponerte objetivos y cumplirlos. Puedes revisar la lista al final del día para decidir qué tareas importantes hacer al siguiente, o prepararlo esa misma mañana como una rutina.

Si puedes, haz esas tareas antes que nada, así sentirás que el día ha sido productivo y todo lo que venga después será un extra.

2. Haz una lista de las cosas que tienes que hacer.

Las listas son la herramienta de productividad más simple y a la vez más potente, si se saben utilizar. Según David Allen en su libro «Organízate con eficacia» ya lo decía: tus tareas, mejor en listas. Algunos consejos para el uso de listas serían anotar actividades concretas y actualizar la lista una vez al día.

3. Clasifica y asigna prioridades.

Siempre hay tareas más importantes o urgentes que otras. Revisa tu lista y haz el ejercicio de clasificarlas. Decide cuáles son las más urgentes o importantes y termínalas cuanto antes. Te quitarás un gran peso de encima cuando finalices esa tarea que tenías pendiente durante mucho tiempo y siempre la has estado posponiendo.

4. Trabaja conforme a las metas y recompensas.

Ponte metas que te mantengan motivado. Si te concentras puedes cumplirlas, no te rindas hasta que las completes. También funciona bien ponerte recompensas si cumples tus objetivos diarios o semanales, como una motivación extra.

5. Aprende y mejora cada día.

Todos tenemos algún día malo en el que sentimos que no hemos conseguido avanzar en las tareas que nos hemos propuesto. Esto no debe desmotivarte. Intenta analizar qué ha pasado. Puede que hayas estado más desconcentrado o hayas tenido muchos imprevistos. Anota lo que funcionó y lo que no para mejorar la próxima vez.

6. Elimina distracciones mientras trabajas.

Cada vez estamos más rodeados de distracciones que hacen más difícil estar concentrado y con las que perdemos mucho tiempo. Los continuos emails, notificaciones del teléfono móvil, Facebook. Si nos dejamos llevar, es increíble el tiempo diario que perdemos. Intenta ser consciente de esto y ser tú el que lo controlas, en lugar de estar a merced de esas distracciones. Desconecta las notificaciones del teléfono móvil. No mires el email cada cinco minutos. Deja de meterte en las redes sociales. Deja este tipo de actividades para hacerla en tu tiempo de descanso.

7. Céntrate en una sola cosa a la vez.

Cada vez que alternas, pierdes tiempo y concentración y al final terminas por dejarlas todas a medias. Es mejor elegir una tarea y concentrarse en ella hasta acabarla, o avanzarla lo que hayas planificado ese día.

8. Mantén el área de trabajo ordenada.

Tener la mesa del trabajo desordenada es un foco de distracción, por eso debes de tener sólo las cosas que necesites en tu puesto de trabajo. Todo lo demás servirá, únicamente, para distraerte.

9. Analiza tus horas más productivas.

Algunos trabajan mejor por la mañana y otros por la tarde. Identifica cual es el momento en el que más concentrado estás y sácale el mayor rendimiento haciendo las tareas más importantes.

10. Duerme 7 horas mínimo.

Siete horas es el mínimo que una persona adulta debe dormir para que el cuerpo recupere completamente las funciones regenerativas nocturnas. Estarás más descansado y enfocado para trabajar.

11. Levántate temprano y aprovecha el día.

Puede que sea lo más difícil de todo, pero cuando lo conviertes en un hábito es de los más transformadores. Lo que haces durante la primera hora del día puede determinar tu actitud para el resto. Levántate antes, desayuna bien, haz algo de ejercicio y, sobre todo, organízate con calma y no con las típicas prisas y estrés de llegar tarde.

12. Haz pequeños descansos.

Si no paras a descansar porque tienes muchas cosas que hacer, acabarás consiguiendo el efecto contrario: hacer menos. Está comprobado que la productividad aumenta si descansas 10 minutos cada 2 horas de trabajo. Estira, respira, relájate, bebe o come algo. La mente se despeja y volverás a la tarea más concentrado y productivo.

13. Controla tu alimentación.

Está demostrado que las personas que controlan su alimentación y comen sano son mucho más productivas que las que no lo hacen, ya que ingerir alimentos pesados produce cansancio y sueño, y las digestiones son más pesadas.

Recuerda que la productividad no sólo consiste en hacer más cosas, sino, también, en hacer las cosas bien. Analizar el porqué de cada tarea te ayudará a saber si lo estás haciendo de acuerdo a tus objetivos.

34. CELEBRA TUS ÉXITOS

Seguramente, a lo largo de los años has conseguido éxitos importantes y has alcanzado metas que te parecían muy lejanas. Pero ¿cuántas veces te has parado a celebrarlo? ¿En cuántas ocasiones has valorado explícitamente tu logro o el de tu equipo?

Celebrar los éxitos pone la atención en lo positivo.

Cada vez que celebres tus éxitos estarás poniendo tu atención en lo positivo de la experiencia. Cambiarás hábitos de pensamiento y te expresarás como un ganador.

Ten en cuenta que el éxito es contagioso, por lo que las personas y las oportunidades que quizás antes no veías llamarán a tu puerta. Seguro que esta vez obtienen respuesta.

Además, obtendrás alegría y sentido del humor, facultades que te ayudarán en los momentos complicados.

Las personas exitosas saben reconocer sus logros y los de los demás, por lo que te será más fácil conseguir aliados y formar equipos para logros mayores.

Otro beneficio de festejar es que inspiras confianza y animas a los demás a imitarte. La gente se quiere rodear de personas exitosas y serás una modelo a seguir.

Recuerda que celebrar los éxitos tiene un componente fundamental: el reconocimiento. Quien celebra sus éxitos se reconoce como una persona valiosa y capaz que ha logrado su objetivo.

Por tanto, valora el tiempo, el esfuerzo y el empeño dedicados, reforzando tu estrategia para la consecución de objetivos.

"Cada vez que celebres tus logros estarás más cerca de los nuevos objetivos"

35. RESPETA LAS REGLAS

"Si quieres vivir tranquilo, respeta las reglas"

Nos guste o no, todos los países tienen reglas que se recogen en su correspondiente constitución y han sido refrendadas por el pueblo. Los gobiernos se rigen por ellas. Para salvaguardarlas existen organismos como el Tribunal Constitucional, al cual cualquier persona en última instancia puede acudir.

Una sociedad sin reglas no sería una sociedad, sino una aglomeración de personas. Y, si lo pensamos bien, enseguida nos damos cuenta de que una vida así sería caótica.

Dentro de cada una de las instituciones que componen la sociedad, la situación es semejante. Cada una posee sus propias normas y todos los integrantes de la misma tienen que respetarlas para así lograr convivir en armonía y tranquilidad. Dentro de cada casa, trabajo, grupo, ocurre lo mismo. Hasta dentro de cada juego hay normas establecidas.

Por eso las reglas se han de respetar, enfrentarse a ellas no sirve de nada salvo para perder tiempo y dinero. Otra cosa es que se puedan cambiar, en ese caso tendrías que poseer el suficiente poder para producir ese cambio y, además, en todas ellas está establecido el modo en que se pueden cambiar.

En referencia a nosotros como integrantes de una sociedad, debemos tener claro cuáles son las de obligatorio cumplimiento. Por ejemplo: hacer cada año la declaración de renta, pagar el impuesto de circulación del automóvil, pagar la contribución del piso o la casa, estar afiliado a la seguridad social, darse de alta como autónomo en caso de ser un trabajador por cuenta propia, etc. Si eres una empresa, te aconsejo que utilices una gestoría.

Como verás, si no dominas estos temas, lo mejor será que eches mano de un profesional. Por la debida cuota mensual, te los llevará con gusto. Una mala gestión te puede arruinar la vida, incluso llevarte a la cárcel y, en el mejor de los casos, vas a pagar mucho más por las sanciones que te impongan que si lo hubieras hecho bien desde el principio.

36. SÉ ORGANIZADO

"El éxito no se logra sólo con cualidades especiales. Es, sobre todo, un trabajo de constancia, de método y de organización".

Jean Pierre Sergent

Hoy en día la organización es básica en la vida igual que en los negocios o en el trabajo. Sin organización, somos, simplemente, víctimas de nuestro propio desorden, lo que nos supondrá no encontrar aquel documento cuando nos hace falta, olvidarnos de una reunión importante, descuidarnos hacer el visado para ir a Hong Kong u olvidar el aniversario de nuestra pareja. Esto, en los negocios, cuesta tiempo y dinero, por lo que no se permite que un empleado sea desorganizado.

Para mí, la organización ha sido clave para poder alcanzar el éxito, triunfar en la vida y en los negocios y llevar una buena relación con la familia y amigos.

Te propongo siete razones para ser organizado según los expertos:

1. Proyectarás una mejor imagen.

La organización interna se percibe desde fuera, transmitiendo a los demás seguridad y confianza, tanto a tus clientes, profesionalmente, como a la familia, amigos, compañeros etc. Por ejemplo: imagina que vas a un despacho de inversión y encuentras que te atiende el ejecutivo de cuentas con la mesa repleta de documentos desordenados. ¿Tú le confiarías tu dinero para que lo invirtiera en un fondo de inversión? Muy posiblemente, no.

2. Tener mayor control.

Significa planificar con éxito lo que va a venir. Un buen sistema de control tiende a retroalimentarse, cada vez que lo hacemos mejora nuestra capacidad, con lo cual ganamos confianza y, por tanto, mayor tranquilidad.

3. Tener menos estrés.

El ser organizado te permite una mejor planificación. Cuando sabes lo que tienes que hacer y tienes un plan de contingencias para lo que pueda llegar a suceder, estarás mucho más tranquilo y reducirás tu estrés. Por tanto, el tener la confianza de que todo está bajo control te permitirá disminuir el grado de incertidumbre en tu trabajo diario.

4. Desarrollar mayor concentración.

Ser organizado te permite alcanzar una mayor concentración en tus tareas, con lo que podrás incrementar tu creatividad. Según David Allen, creador de la metodología GTD, *«la mente, como el agua»*. El autor se refiere a que si quitas todas tus inquietudes pendientes de la cabeza y las viertes en un sistema, tu cerebro puede ocuparse solamente de cada tarea en sí misma.

5. Tener más tiempo libre.

Uno de los mayores objetivos de ser organizado es la optimización del tiempo, así podrás dedicar más a otras cuestiones como, por ejemplo, a la formación, ir al gimnasio o la familia.

De esta forma podrás disfrutar de un nivel de concentración más alto. Lo mismo ocurre con la creatividad: tu mente no estará ocupada en próximas citas, fechas de entrega ni otros asuntos que generen incertidumbre o preocupación. Tu cerebro estará libre y listo para el proceso de creación.

6. Poder atender asuntos importantes.

Ser organizado te permitirá llevar un calendario y agenda en regla para no olvidarte de nada. Aquí entran también las reuniones empresariales, eventos, contratos, declaraciones de renta, etc. Y, por supuesto, los asuntos de índole personal como felicitaciones de cumpleaños o cualquier otro tipo de compromiso.

7. No volverás a perder nada.

Ser organizado es utilizar listas de control. Las listas de control son herramientas simples que permiten gestionar determinadas actividades, especialmente, las que se repiten. Por otro lado, si empleas algún tipo de archivo físico tampoco desaparecerán documentos importantes. Estos ficheros pueden ser simples cajones de muebles, pero tienen que estar debidamente ordenados y su información debe ser clasificada para poder ser encontrada más adelante con facilidad.

La organización, es básica en el mundo laboral. Sin ella estamos totalmente perdidos un en panorama de urgencias y otras cuestiones de importancia:

Utiliza un calendario. Sincroniza tu agenda con el móvil, opta por una aplicación digital. Puedes programar alertas automáticas, anotar citas y tareas pendientes, entre otros.

Prioriza las tareas más importantes, de esta manera no te verás desbordado a la hora de cumplir con tus objetivos.

Crea una lista de pendientes de modo que puedas consultarla y avanzar en ella cuando dispongas de algo más de tiempo.

Mantén la mesa ordenada, así encontrarás todo en su sitio cuando lo necesites y no desperdiciarás tiempo buscándolo.

Concluye el día con un repaso. Antes de irte, tomate 10 minutos para organizar las cosas que harás al día siguiente, así, al llegar la próxima jornada, podrás concentrarte rápidamente en la primera tarea.

Establece un horario para consultar los correos. Revisar el correo continuamente es una gran distracción que nos hace perder concentración y tiempo. Por ello, establece un par de momentos del día para hacerlo.

Lo más importante es que te obligues a mantener el orden de las cosas. Al principio puede resultarte muy difícil, pero con el tiempo se convertirá en un hábito para ti.

37. SÉ AGRADECIDO

"Siempre hay que agradecer a las personas que provocan una diferencia en nuestras vidas".

Ya lo dice el refrán: «Es de buen nacido ser agradecido».

Agradece siempre que puedas las cosas buenas que te da la vida. Por ejemplo: a tus padres, por ofrecértela; por tener para comer, los estudios, la educación, y un largo etc.; a tus profesores, por enseñarte todo lo que sabes; a tu pareja, por soportarte en los momentos difíciles; a Steven Spielberg, por hacer aquella película que nos hizo soñar viéndola en el cine; a Tim Berners Lee, por inventar internet; a Steve Jobs, por crear el iPhone que ha revolucionado la vida; a García Márquez, por haber escrito «Cien años de soledad»; a los Beatles, por sus canciones; a Benjamin Franklin, por inventar la electricidad; a Alexander Fleming, por el descubrimiento de la penicilina, que tantas vidas salvo; a Miguel Ángel, por sus esculturas, pinturas y arquitecturas; a Mozart, por su música; a Ferrán Adrià, por su cocina. Siempre hay algo o alguien a quien agradecer. Además de todo esto, porque te hace feliz y haces feliz al receptor de tu gratitud.

El agradecimiento, según los expertos:

La ciencia ha demostrado que las personas agradecidas suelen ser las más felices, ya que el hábito de agradecer libera neurotransmisores como la **dopamina,** responsable de las sensaciones placenteras y de la relajación.

Agradecer es una actitud beneficiosa que nos ayuda a mantener nuestra **felicidad** y salud.

Aparte de una pauta de cortesía, cada vez que damos las gracias, nuestro cerebro rejuvenece y percibimos regalos espontáneos que la vida nos ofrece de diversas maneras.

Asimismo, la gratitud produce importantes cambios en la biología del cerebro debido a la **plasticidad neuronal:** se activan regiones que permiten una mayor comprensión de los demás, suavizan el estrés, mejoran la frecuencia cardíaca y reduce el dolor (físico y emocional).

Como ves, poner en práctica la gratitud puede transformar en positivo la forma de pensar sobre nuestra vida y hacer que valoremos más lo que nos rodea (familia, amor, pareja, salud, trabajo…). Porque ser agradecidos es un ejercicio que nos ancla al presente, y nos hace apreciar las cosas tal y como son, aquí y ahora.

38. APRENDE A ESCUCHAR

"Sólo si escuchamos podremos aprender. Escuchar es un acto de silencio: sólo una mente serena pero extraordinariamente activa puede aprender".

Jiddu Krishnamurti

Aprender a escuchar es una virtud que nos da la vida y que está relacionada con el aprendizaje. No seríamos lo que somos si no hubiésemos escuchado a nuestros padres: ellos nos han enseñado a hablar; o a nuestros profesores que nos ensañaron tantas cosas: a escribir, a leer, la ciencia, la literatura, etc.

El ser humano no hubiese evolucionado si no hubiera aprendido a escuchar a sus mayores. Aún andaríamos en la edad del cromañón de no haber sucedido así. Sin embargo, cuando nos hacemos adultos se nos olvida escuchar; estamos tan cerrados en nosotros mismos que no prestamos atención a lo que nos quieren decir los demás.

¿Sabías que, en ventas, un comercial que no sabe escuchar saca un 40% menos de resultados que otro que sí? ¿O que hay muchos más divorcios en parejas con poca comunicación que en el resto? Para que la comunicación fluya es importante aprender a escuchar de verdad. A fin de cuentas, a todos nos gusta que se nos preste atención, pero llegar a participar realmente en una conversación requiere de la capacidad de mantenerse activo incluso cuando el otro tiene la palabra.

Cómo aprender a escuchar en las conversaciones que mantenemos con amigos, familiares y seres queridos en general.

Tanto lo que dices como lo que no dices durante una conversación puede beneficiarte o perjudicarte mucho. Esto es lo que debes tener en cuenta.

Consejos para aprender a escuchar, según los expertos:

Es importante que, durante una conversación, además de prestar atención, se observe la forma en la que se expresa el interlocutor, así como sus gestos. Eso nos dará una idea de la emoción que rige en la otra persona.

Durante la conversación hay que estar totalmente involucrado para no perder el hilo argumental. Se recomienda dejar los dispositivos tecnológicos a un lado, ya que suelen ser elementos que distraen la atención y hacen sentir a la otra persona poco relevante.

Se debe evitar interrumpir para que la oración no quede incompleta y, de este modo, se pueda entender el mensaje.

Es igualmente esencial hacer preguntas pertinentes durante la conversación.

Algunas de las habilidades más buscadas por las empresas están relacionadas con la gestión del tiempo, hablar en público y saber comunicar, así como la capacidad de líder en un proyecto o equipo. Sin embargo, una de las claves del éxito en el trabajo y en el mundo de los negocios es saber escuchar. Saber escuchar también implica estar abierto a recibir críticas y opiniones contrarias a las de uno mismo. En definitiva, saber escuchar es un proceso de humildad que nos confirma en la figura de un líder.

Beneficios de saber escuchar en el trabajo:

La confianza mutua. La escucha genera respeto y confianza entre el hablante y el oyente. Los empleados responderán de forma natural mejor a los gerentes que piensan que están escuchando con atención sus necesidades.

Productividad. Los problemas se resuelven más rápido si la gente se anima a explicar los problemas y tienen la libertad de aportar soluciones en voz alta, antes de que se les diga qué hacer.

Favorece la calma. El escuchar atento ayuda a ambas partes a mantener la calma cuando se trata de una crisis o discutir un tema sensible.

Aumenta la confianza. Los grandes oyentes tienden a gozar de mayor autoestima y una mejor imagen de sí mismos, ya que la escucha trabaja en el establecimiento de relaciones positivas.

Limita los errores. Escuchar bien conduce a una mayor precisión en la retención de la información, lo que minimiza el riesgo de falta de comunicación y de cometer errores.

39. CAPACIDAD DE DECISIÓN

"Usando el poder de decisión ganas la capacidad de superar cualquier excusa, permitiéndote así cambiar todas y cada una de las partes de tu vida en un instante"

Tony Robbins

La vida nos plantea situaciones que hay que resolver y, a veces, tenemos que tomar decisiones sí o sí, ya que de ello depende la supervivencia de la empresa, del equipo, de la familia, o de uno mismo. Por ejemplo: a nadie le gusta despedir a un trabajador, pero, en ocasiones, la fuerza te obliga o, quizás, no funciona en el puesto de trabajo, o tu empresa va mal y es mandatorio que lo despidas para sobrevivir y mantener al resto de la plantilla. En otro ejemplo, Los Beatles tuvieron al principio que tomar la decisión de cambiar al batería del grupo ya que no se coordinaba con el resto de miembros de la banda.

Para ello, es importante tener coraje y lanzarte a tomar una decisión; la que sea. Una indecisión puede mantenernos estancados, y la duda nos impide avanzar.

Cuando nos atrevemos a seguir nuestro dictado, ya estamos haciendo algo. Luego veremos si hemos acertado o no, pero hay que arriesgarse, aunque ello nos lleve a equivocarnos.

Tal vez, habrá personas a nuestro alrededor que pondrán en tela de juicio nuestro posicionamiento. No importa que lo hagan, es su punto de vista acorde a sus propias vivencias. En nuestro caso, no tiene por qué coincidir con las suyas.

Cuando tomas una decisión, puede que las otras personas no estén de acuerdo con ella. Por supuesto, esto no quiere decir que no tengamos en consideración las opiniones de los demás, ya que pueden ayudar a perfilar la respuesta más adecuada ante la disyuntiva que se nos presenta.

Hay personas que entienden los motivos que te han llevado a realizar un acto determinado, y lo aceptan sin juzgar ni presionar. Y también las hay las que no, que sólo miran su situación sin importarle los aspectos que te han forzado a optar esa alternativa.

Las personas que saben tomar decisiones son bien valoradas en las empresas, ya que podemos afirmar que si toma sus propias decisiones, también lo hará con las riendas de su vida. Así es que habrá dado un paso muy importante en su autoafirmación como individuo.

40. ACEPTA LA CRÍTICA

"Los críticos sólo te hacen más fuertes. Tienes que prestar atención a lo que están diciendo y usarlo como retroalimentación".

Robert Kiyosaki

La crítica te hace crecer y mejorar. Hay grandes corporaciones en Japón que invitan a sus ejecutivos a cenas con mucho alcohol y espera hasta que se emborrachan para preguntarles qué piensan de la empresa, de sus jefes, etc. Porque es en ese momento cuando dirán la verdad y así podrán analizar y corregir posibles fallos que redundarán en un beneficio para toda la empresa. Huyamos de los aduladores, los que siempre te dicen sí a todo y lo bien que lo haces. Ellos no aportan nada y, por supuesto, son los primeros que te dejaran solo si las cosas van mal.

Acuérdate: «Las ratas son las primeras en abandonar el barco».

Es cierto que a nadie le gustan las críticas. ¿Cómo actúas ante una crítica?

Podemos ver la crítica como una ofensa o como una excelente oportunidad para mejorar. Personalmente prefiero, verlo desde la segunda perspectiva.

Lo cierto es que la crítica es una gran oportunidad de mejorar si la sabemos aprovechar, por exagerada que pueda parecernos. Saca lo bueno que hay en ella y acéptala como una ocasión para mejorar.

A través de mi experiencia como consultor, considero que hay seis consejos que debemos tener en cuenta:

1. Debemos distinguir a las personas que ejercen la crítica solamente como ofensa de quien lo hace para provocar el cambio.
2. Separa la crítica mala que viene de las personas envidiosas que sólo pretenden hacerte daño de la constructiva, esa que sí debes analizar para realizar los cambios necesarios para mejorar.
3. Acepta la autocrítica. Antes de rechazar una crítica debes reflexionar por qué lo haces y qué razones tiene quien la hace. Quizás ahí encontremos parte de la solución. Si no acepto no mejoro, y, si lo justifico, me engaño.
4. No pongas el freno de mano al desarrollo con una justificación. Deja que los demás se expresen, que cuenten su visión de cómo ven lo que critican, al fin y al cabo es una excelente oportunidad para cambiar: te están poniendo un espejo frente a ti para que observes una imagen que no es la que tú ves, sino la que los demás perciben. Aprovéchalo para mejorar y, si tienes que hacer cambios, hazlos.
5. Abre tu mente a las críticas. Acepta a quien piensa diferente a ti, estas personas también tiene sus razones. Piensa que

quien está trabajando contigo y te critica, quiere lo mejor para ti y, por ende, para todo el grupo.
6. Dedícale un poco de tiempo a analizar la crítica y mirar qué puedes sacar en positivo, así podrás realizar un plan de acción que te sirva para mejorar. Ganarás más liderazgo, una mejor gestión y un mejor reconocimiento como líder.

"Las críticas son algo que podemos evitar fácilmente si no decimos nada, no hacemos nada y no somos nada"

Aristóteles

41. SÉ PERSISTENTE

"Me gusta la gente fiel y persistente, que no desfallece cuando de alcanzar objetivos e ideas se trata".

Mario Benedetti

La persistencia es la acción y efecto de persistir (mantenerse constante en algo hasta conseguirlo). Por ejemplo: cuando J. K. Rowling escribió su primera novela de Harry Potter la envió a una editorial para que la publicara, pero le dijeron que no les interesaba. Después la envió a otra, y a otra, y a otra... No se dio por vencida hasta que, al final, un editor, antes de decirle que no le interesaba, se la dio a leer a su hijo pequeño y, cuando le preguntó qué le había parecido, el muchacho le dijo que era lo mejor que había leído en su vida. A pesar de que todas las editoriales le dieron el no, fue su persistencia la que le llevó a no rendirse hasta encontrar quien se la publicara. Hoy en día es la novela juvenil más vendida en el mundo y, de no tener nada, se ha convertido en la segunda mujer más rica de Inglaterra.

La persistencia está considerada como uno de los valores más importantes para alcanzar un objetivo o llegar a una meta.

Esta actitud y habilidad personal ayuda a seguir adelante con la superación de obstáculos sin importar lo difíciles que sean, y está valorada entre las cinco primeras cualidades para alcanzar el éxito.

No importa lo que hagas en la vida, siempre habrá momentos en los que tengas que luchar para conseguir algo: un trabajo, subir de escalafón, conseguir que te acepten una propuesta por la que has luchado... Son en estos momentos cuando se vuelve necesaria la persistencia.

La persistencia está especialmente relacionada con el desarrollo y la superación, por lo que el talento y el conocimiento no sirven de nada si no somos persistentes.

Cuando trabajas en lograr alguna gran meta, la motivación puede sufrir altibajos. A veces te sentirás motivado y otras no, pero no es la motivación la que produce resultados, sino tus acciones. Ser más persistente te conduce a seguir tomando medidas hasta conseguir el objetivo deseado.

La persistencia es para muchos la llave al éxito profesional, incluso del económico. La persistencia aumenta la probabilidad de alcanzar metas difíciles y el disfrute que una persona tiene después de conseguir algo.

Hay tres tipos de persistencia según los expertos:

• **Ciega.** Es aquella clase de persistencia en la que no hay logro: ella misma se convierte en el objetivo en sí. La persistencia ciega sería decidir una numeración concreta y estar una y otra vez marcando la misma esperando que la caja se abra.

• **Planeada.** Esta es la que sí se utiliza de modo inteligente, la que permitirá al final lograr el objetivo o las metas que se hayan propuesto. La planeada consistiría en seguir una secuencia lógica de alternativas y combinaciones hasta llegar a la adecuada.

• **Aleatoria.** Se sustenta en el uso al azar de las herramientas que se tienen al alcance de la mano, esperando que la suerte sea la que, finalmente, dé la oportunidad de lograr el objetivo deseado. Aleatoria supondría ir probando números al azar, sin ningún tipo de lógica o de orden, hasta dar con la acertada.

42. APROVECHA LAS OPORTUNIDADES

"Las oportunidades grandes nacen de haber sabido aprovechar la pequeñas".

Bill Gates

Bryan era un sacerdote que terminó atrapado por una inundación en Nueva Orleans. El religioso se vio obligado a encaramarse al tejado de su casa al ver cómo el agua se levantaba casi hasta la misma techumbre. Asustado y mirando al cielo, pidió a Dios que lo salvara. Al cabo de veinte minutos pasó frente a él un vecino con una barca y le dijo: «súbete a mi barca y te dejaré en la otra orilla. Pero Bryan rehusó la proposición: «Ya le he pedido ayuda a Dios y él me salvara».

Pero el agua empezó a subir más, y más, y más, y, al final, terminó alcanzando el techado de la casa y acabó ahogado. Al llegar al cielo, Bryan le cuestionó a Dios: «¿Por qué, Dios mío, ¿no me has salvado? Yo que tanto confiaba en ti y ayuda te pedí ». Entonces, Dios le contesto: «Te envié a un vecino con una barca para que te pasara a la otra orilla y tú no quisiste subir. ¿De qué te quejas ahora? ».

A nuestro alrededor siempre encontraremos gente que parece bendecida con la suerte, capaces de sacar adelante casi cualquier proyecto que emprendan; mientras, también observamos a otros que, intenten lo que intenten, no parecen salir adelante.

En estos casos podemos creer en la buena o mala suerte y dejar en manos del destino el poder conseguir nuestras metas, dependiendo de la bondad de los dioses. O también podemos aprender lo que, muchas veces, se esconde detrás de la suerte: la capacidad de aprovechar las oportunidades que se nos presentan y subirnos a ellas aunque no sepamos muy bien a dónde nos van a llevar.

"Un optimista ve una oportunidad en toda calamidad, un pesimista ve una calamidad en toda oportunidad".

Winston Churchill.

"Decidí ver cada desierto como la oportunidad de encontrar un oasis, decidí ver cada noche como un misterio que resolver, decidí ver cada día como una nueva oportunidad de ser feliz".

Walt Disney.

La vida está llena de oportunidades. Cada día, cada momento es una oportunidad única e irrepetible para aprender, para mejorar lo que hacemos, para montar un negocio, buscar un trabajo mejor, etc. Pero ¿sabemos aprovecharlas? ¿Sabemos reconocerlas o, por el contrario, las ignoramos esperando que nos las traigan en bandeja de plata?

El diccionario nos enseña que una oportunidad es una circunstancia favorable que se da en un momento adecuado u oportuno para hacer algo.

Lo primero que tienes que preguntarte es ¿qué es para ti una oportunidad? O ¿Qué tipo de oportunidades estás buscando? ¿Para montar un negocio? ¿Para emprender algo nuevo? ¿Para subir de categoría? ¿Para cambiar de trabajo? ¿Para comprarte un piso, o bien para realizar un sueño?

¿No te has parado a pensar que las oportunidades también pueden buscarse? Por ejemplo: si busco trabajo puedo poner mi C.V. en Linkedin y comunicar que soy un buen profesional y que estoy buscando trabajo. Seguramente, alguien te llamará.

Una oportunidad implica, primero, la decisión de querer adoptarla y, después, una acción por parte de la persona. Ese es el momento a partir del cual se puede lograr un cambio significativo en la vida.

Tenemos otro tipo de oportunidades. Quizás son estas las más valiosas, ya que sólo dependen de ti. Por ejemplo: crecer personalmente, formarte, mejorar tu autoestima, cambiar tu actitud, etc. Son oportunidades que tienes disponibles en cualquier momento y son, precisamente, las que te harán conseguir el éxito y las que tienes a tu alcance. A veces nos obsesionamos en buscar y no nos damos cuenta de que lo que queremos ya lo tenemos frente a nosotros.

¿Si se presenta una oportunidad hay que aprovecharla? Claro que sí. Sólo los que saben aprovechar las oportunidades triunfan en la vida.

La vida en sí es una oportunidad. Nos permite desarrollar nuestras potencias, tanto a nivel profesional como particular. La vida es la oportunidad más grande que tiene el ser humano para crecer, desarrollarse, prosperar y ser feliz.

"Puedes ser lo que quieras ser y sólo depende de ti".

Podemos aprender de nuestros errores, mejorar, construir nuestros sueños, disfrutar, sentir amor, emocionarnos, reír, compartir, disfrutar de la naturaleza, participar en crear un mundo mejor…

No se trata solamente de las oportunidades económicas, sino, especialmente, de la oportunidad de valorar la vida misma, tanto la propia como la de otros.

Cada gesto, cada actitud, cada palabra esconde la oportunidad de hacer de este mundo un lugar mejor. Si nosotros somos mejores personas, el mundo también lo será. Sin lugar a dudas.

Igualmente tenemos las oportunidades recibidas, aquellas que nos asaltan cada día: personas que se cruzan en nuestro camino y nos dan conversación, nos hacen sonreír; a veces equivocarnos; otras enojarnos; emocionarnos; etc. Todas ellas nos permiten saber quiénes somos, cómo somos y cómo nos relacionamos con los demás. Son oportunidades que nos hacen aprender.

43. NO SEAS LÍDER DE OVEJAS. SÉ LÍDER DE LOBOS

"El tigre y el león podrán ser más fuertes, pero el lobo no actúa en circos"

"Si quieres crecer como líder, no prediques para ovejas: son mansas y no te aportarán nada. Predica para lobos: son inteligentes y te harán crecer"

J.C. Cibeira.

Cualidades que debe poseer un líder:

Ser un líder significa actuar como la persona que indica el camino con una serie de cualidades inherentes o aprendidas: sus conocimientos, su manera de relacionarse con los demás, su capacidad para tomar decisiones, para gestionar crisis o para apoyar o entender a los integrantes de un grupo.

Hay una serie de características de un buen líder que toda persona que dirija equipos en cualquier ámbito debería conocer.

Confianza en sí mismo para poder gestionar situaciones de crisis, aunque pueda equivocarse.

Capacidad para tomar decisiones de manera eficaz y con criterio, sin arbitrariedades.

Persona comunicativa, que se relacione con su equipo, que exprese lo que necesita, lo que quiere conseguir, que sepa transmitir las indicaciones y sus motivaciones para tomar ciertas decisiones.

Autocontrol emocional. Perder el control, ponerse nervioso, desquiciarse, no es propio de un buen líder. Siempre tiene que transmitir seguridad y control de la situación ante su equipo.

Gran capacidad de trabajo, incluso trabajando más que los demás. No es un buen líder aquel que deja que sea su equipo quien se mate a trabajar.

Buena capacidad de planificar y coordinar recursos humanos, materiales y tiempos, controlando el proceso en todo momento.

Carisma. Un líder carismático es una persona que sabe convencer, que tiene magnetismo, que sabe dirigir con una sonrisa, y que haga fácil el trabajo y que todos le sigan.

Es una persona educada y agradable, que nunca grita o falta al respeto a su equipo.

La empatía es también una cualidad muy necesaria, porque hay que entender al equipo en su conjunto y a las particularidades de sus miembros para saber sacar el máximo partido de los talentos de cada integrante.

Un líder ha de ser justo para tomar las decisiones más equilibradas en cada momento. Ser optimista, saber mantener la motivación a través de una actitud positiva.

Siempre se distinguirá a un buen líder porque su grupo estará a gusto, sentirá que progresa en cualquier actividad, y que, pese a cualquier tipo de dificultad, todo el grupo se hallará motivado en su día a día.

44. AMA TU TRABAJO

"La única manera de hacer un trabajo genial es amar lo que haces"

Steve Jobs

Pasamos aproximadamente el 33% de nuestra vida trabajando, así que, si no te gusta tu trabajo, cámbialo. En cambio, si te gusta, amalo.

El primer paso para el éxito profesional es amar tu trabajo.

Consejos para ser feliz en tu trabajo:

Mantén una actitud positiva. Enfócate en las pequeñas cosas que te gustan de tu trabajo, buena relación con tus compañeros, disciplinas que te hacen aprender más, etc.

Sonríe más. Un estudio de Gallup demostró que los trabajadores que sonríen frecuentemente se sienten más comprometidos y felices con su empleo.

Recuerda que tu trabajo no te define, sino cómo lo realices y qué actitud tengas hacia él.

Encuentra tu "lugar feliz". Visualiza en tu mente un sitio en el que encuentres paz, puedes también tener fotografías de tus lugares favoritos en tu escritorio.

No te concentres en el dinero, es sólo una parte de los beneficios. Tu trabajo vale más que una cantidad monetaria.

Agrega valor a tu trabajo. Mejorar todo lo que hagas es la manera más valiosa de agregar valor a tu trabajo. Así verás cómo aumenta tu autoestima y tu grado de satisfacción.

Encuentra significado a lo que haces. Analiza a quién estás ayudando, qué pasaría si no lo hicieras y qué tanto afecta a la comunidad en la que vives.

Haz pequeños cambios que puedan mejorarlo, perfecciona lo que haces para que los demás lo noten.

Nunca te conformes. Toma retos que te hagan sentir mucho más capaz y satisfecho contigo mismo.

Aumenta la creatividad. Propón nuevas y mejores formas de hacer las cosas.

Mantente activo. Participa en todo lo referente a tu trabajo: aumentara tu conocimiento y tu creatividad.

Ayuda a tus compañeros. Siempre existen momentos en los que puedes ayudar a un compañero. Te lo agradecerá y tú ganarás puntos en el rol de líder.

Nunca te permitas estar aburrido, es el principal paso para la infelicidad. Al ser productivo, terminarás más rápido tus tareas pendientes y podrás terminar tu jornada de trabajo más temprano de lo habitual.

Ser feliz cuando trabajas va a generarte más productividad y, por consiguiente, mejores resultados. Procura en todo momento convertir lo que haces en una de tus pasiones.

"Elige un trabajo que te guste y no tendrás que trabajar ni un día de tu vida"

Confucio

45. CREE EN TI

"Estoy seguro que la mitad de lo que separa a los emprendedores exitosos de los que no triunfan, es la perseverancia"

Steve Jobs

«Un día, en una convención de City Band, un alto directivo me dijo. Te voy a dar un consejo: te defraudará tu empresa, te defraudará tu jefe, te defraudará tu mujer, te defraudará tu amigo, te defraudará tu equipo de futbol, pero, querido amigo, tú no te defraudes a ti mismo».

Creer en ti mismo es uno de los primeros acercamientos al éxito. Si no tienes una gran autoconfianza, te será más difícil lograr algún tipo de triunfo.

El creer en ti mismo te llevará a que los demás no tengan otra alternativa diferente de creer en ti. Sé tú mismo. No permitas que nadie robe tus sueños. Son los tuyos, no los de ellos.

Pasos para creer en ti mismo:

Deja de gastar tiempo y energía preocupándote por lo que piensan los demás.

Enfoca tus pensamientos y energía en lo que quieres lograr y trabaja duro para conseguirlo.

«Tener una baja autoestima es como ir por la vida conduciendo con el freno de mano puesto». —Maxwell Maltz,

Nadie nace con autoconfianza. Si alguien parece tener una seguridad increíble en sí mismo es porque ha trabajado para construirla. A veces, una crítica *online* negativa, un contrato rechazado por un cliente, un comentario dañino sobre nuestra profesionalidad…, depende de quién lo diga puede reducir tu autoestima. También ocurre con nuestra crítica interna, a veces dudamos de nosotros mismos: esto no lo he hecho bien, no soy suficientemente bueno para optar a este puesto, etc. Cuando nos vemos que disminuye nuestra autoconfianza debemos hacer algo para recobrarla.

10 maneras de empezar a creer en ti mismo, según los expertos:

1. Visualízate como lo que quieres ser.

«Lo que la mente pueda concebir y creer es lo que la mente puede lograr». —Napoleon Hill.

Visualiza una versión fantástica de ti mismo, una que logre todos tus objetivos. Esto servirá para combatir la persecución que tienes de ti mismo.

La visualización es la técnica: crear en tu mente una imagen personal de la que te sientas orgulloso te hará subir la autoestima.

2. Afírmate a ti mismo.

«Las afirmaciones son una herramienta poderosa para instalar, de forma deliberada, creencias que deseas para ti mismo».

Nikki Carnevale.

Tendemos a comportarnos de acuerdo a la imagen que tenemos de nosotros mismos. El truco para hacer un cambio duradero es cambiar la forma en la que nos vemos. Las afirmaciones son declaraciones positivas e inspiradoras que nos decimos a nosotros mismos. Éstas suelen ser más efectivas si se dicen en voz alta y, para que las acepte más rápido el cerebro, hazlas en forma de pregunta de modo que puedas escucharte enunciándolas. Por ejemplo: «¿Porque soy tan bueno firmando contratos?», en lugar de «Soy muy bueno firmando contratos».

«¿Qué crees? Si eres inseguro, el resto del mundo también lo es. No sobrevalores la competencia ni te subestimes a ti mismo. Eres mejor de lo que crees». —T.Harv Eker.

3. Eliminar los miedos.

La mejor forma de superar los miedos es enfrentándolos. Si todos los días haces algo que te da miedo, vas ganando seguridad de cada experiencia. Comprobarás cómo crece tu autoestima. ¡Así que sal de tu zona de confort y enfrenta tus miedos!

4. Cuestiona tu autocrítica.

«Llevas años criticándote a ti mismo y no ha funcionado. Intenta aceptarte y observa qué ocurre." —Louise L. Hay.

Elimina tu autocritica con evidencias, por ejemplo: si crees que has fracasado en algo, pregúntate: «¿qué evidencia respalda mi fracaso?». Así podrás analizarlo y aprender de él en positivo. Busca oportunidades para felicitarte a ti mismo, para hacerte cumplidos y premiarte, incluso por los éxitos más pequeños.

5. Haz el reto de 100 días de rechazo.

«Nadie puede hacerte sentir inferior sin tu consentimiento». — Eleanor Roosevelt.

Jia Jiang se hizo famoso por registrar su experiencia "rompiendo el miedo", en la que le pedía a la gente cosas muy disparatadas para ser rechazado a propósito. Todo ello durante 100 días. Su objetivo resultaba el volverse insensible ante el rechazo, algo que consideró necesario después de sentirse mucho peor de lo que esperaba cuando un potencial inversionista lo rechazó. Romper el miedo no es algo fácil, pero si quieres divertirte mientras construyes tu autoestima, es una gran forma de hacerlo.

6. Prepárate para ganar.

«Debemos concentrarnos en nuestros éxitos y olvidarnos de nuestros fracasos y de la negatividad en nuestras vidas para establecer una verdadera autoconfianza». —Denis Waitley.

Muchas personas se desencantan de sus habilidades porque se imponen objetivos demasiado difíciles de alcanzar. Empieza poniéndote metas pequeñas que puedas lograr fácilmente. Una vez las consigas, pasa a propósitos más complejos. Prepara una lista con tus logros para recordarte que eres capaz de hacer bien las cosas que te propongas.

7. Ayuda a alguien más.

Ayudar a otros nos permite olvidarnos de nosotros mismos y sentirnos agradecidos por lo que tenemos. Además, hacer feliz a alguien más es muy reconfortante.

8. Preocúpate por ti mismo.

«Cuidarme nunca es un acto egoísta. Es, simplemente, una buena

administración del único regalo que tengo, el don por el que me pusieron en este mundo para ofrecerle a los demás». —Parker Palmer.

La autoconfianza depende de una combinación de buena salud física, emocional y social. Haz ejercicio físico, cuida tu alimentación y duerme, como mínimo, siete horas seguidas y, por supuesto, vístete bien. Te dará seguridad en ti mismo.

9. Crea barreras personales.

«Nunca permitas que te callen. Nunca te permitas ser una víctima. No aceptes la definición de vida de nadie más que de ti mismo». — Harvey Fierstein.

Aprende a decirte sí a ti mismo y toma el control de tu vida. Verás cómo mejora tu autoconfianza.

10. Cambia a una mentalidad de igualdad.

«Querer ser alguien más es un desperdicio de la persona que eres». —Marilyn Monroe.

Nadie es mejor ni merece más que tú. Haz un cambio hacia una mentalidad de igualdad y verás cómo mejora de forma automática la seguridad y la confianza en ti mismo.

46. TODO TIENE CONSECUENCIAS

"Ud. es libre para hacer sus elecciones, pero es prisionero de sus consecuencias".

Pablo Neruda

Significado de «consecuencia»:

¿Qué es «consecuencia»? Según los expertos:

Se conoce como consecuencia a aquello que resulta a causa de una circunstancia, un acto o un hecho previos. La palabra tiene su origen en la expresión latina *consequentia,* formada de la raíz *con* que significa «conjuntamente» y *sequi,* que significa «seguir».

Así, toda acción tiene por efecto una consecuencia, sea positiva o negativa. En términos humanos y sociales, los individuos son responsables por las consecuencias de sus actos o decisiones.

Se evidencia el uso de la palabra consecuencia en frases o

expresiones populares:

«Atenerse a las consecuencias»: insta a asumir las responsabilidades derivadas del efecto de una determinada causa, sea ésta deliberada o no.

«En consecuencia», es decir, conforme a lo acordado o a lo enunciado.

«Sin consecuencia»: lo que se estimaba como una causa probable de daño no ha generado nada que lamentar.

«Pagar las consecuencias»: sufrir los resultados de un acto.

Causa y consecuencia.

Se habla de causas y consecuencias cuando se quiere referir los antecedentes que han provocado un hecho puntual.

Consecuencia social.

Son consecuencias sociales aquellas que afectan la relación del individuo con el entorno social, producto de una circunstancia previa, una decisión o una acción.

Consecuencia lógica.

En filosofía, la consecuencia lógica deriva del enlace entre las premisas y la conclusión de un argumento válido por deducción.

Consecuencia jurídica.

Se habla de consecuencia jurídica para referir al resultado de la aplicación de las normas.

47. APRENDE A VENDER

"El liderazgo empieza con dos cosas: aprende a vender tu idea y aprende a hablar en público".

Jürgen Klaric

Todo empieza por una venta y el mundo se mueve por esa venta. Si no hay venta, no hay empresa; si no hay empresa, no hay trabajadores; si no hay trabajadores, no hay automóviles, ni trenes, ni aviones, ni barcos, ni comunicaciones, ni electricidad, ni casas, ni agua corriente, etc. No habría impuestos; si no hay impuestos, no hay colegios, ni médicos, ni hospitales, ni policías, ni maestros….No hay nada. El mundo no habría evolucionado y aún estaríamos en la edad de piedra.

Lo importante que es una venta verdad, y, para ello, hay que saber vender. La mayoría de empresas de USA están llevadas por directores comerciales.

La venta se ha convertido en una necesidad. La requerimos cuando vamos a una entrevista de trabajo y nos hacen la famosa pregunta desde Recursos Humanos: «¿Dame una razón por la cual te tengo que contratar a ti en vez de a otro compañero que opta por el mismo puesto?». Es ahí cuando te asaltan los miedos, te tiemblan las piernas, un sudor frio recorre tu frente y tus nervios se hallan a punto de explotar. Todo ello, por supuesto, sin que se note. Te estás jugando el trabajo en una única pregunta, por lo que más vale que sepas venderte bien si quieres esa vacante para ti. Lo mismo nos ocurre cuando tenemos que pedir un crédito en el banco, cuando queremos montar una empresa y necesitamos buscar inversión, cuando conocemos la chica que nos gusta y la queremos impresionar, etc.

A mí me encanta la venta. Siempre iba a un *pub* a tomar unas cervezas con los amigos y casi siempre encontraba un grupo de comerciales de una editorial muy famosa, con sus cochazos, sus trajes de 500 €, sus relojes de marca, sus perfumes caros y no les importaba gastar dinero; eran los reyes del bar y atraían a todas las chicas. Entonces me dije: «de mayor quiero ser como ellos». Años más tarde, por casualidad, vi un anuncio en un diario que ponía: «Se necesitan comerciales», con un teléfono de contacto. Al día siguiente llamé y concerté una entrevista. Precisamente, era de una editorial como la de aquellos que venían al *pub*, así que me lancé a ello. A los dos días, me presenté en la reunión y el director comercial me vio con tantas ganas que no le importó que no tuviera experiencia. Me dio una oportunidad. «Preséntate el lunes próximo a las 9 de la mañana en este lugar para hacer el curso de formación», me dijo, «y después saldrás con un comercial para que aprendas la técnica».

A la semana siguiente hice el curso de formación y a la siguiente salí con el comercial para aprender el metodo. Siempre me acordaré de la primera visita de venta que hicimos. Era en un colegio donde habíamos quedado con los profesores en una reunión para venderles la enciclopedia de La Historia de España. Fue espectacular: la exposición que hizo el comercial, la manera de exponer, de presentar, hasta los silencios estaban calculados; la técnica de preguntar, de llevar la venta hasta el final y el cierre. Sublime. Salimos de allí con la venta de ocho enciclopedias, la adrenalina por las nubes y un montón de dinero en el bolsillo. Al cabo de dos semanas me dejaron salir solo con la supervisión de un comercial veterano y fue genial. Hice mi primera venta de siete enciclopedias en aquella sesión, nunca había experimentado una euforia como la de aquel día. Desde entonces, me convertí en un gran comercial. Había aprendido de los mejores, estudiado sus técnicas y las había aplicado a la perfección. Eso me sirvió muchísimo en mi vida profesional y, por supuesto, en la particular. Nunca me ha faltado dinero, incluso fui galardonado con una multitud de premios. He sido director comercial de cuatro empresas y otras cuatro también fueron de mi propiedad. Actualmente, dirijo una consultoría.

Consejos para la venta:

En la venta no mientas. Si tratas bien a un cliente, le podrás vender toda la vida.

Vender es un *Win—Win*. Esto quiere decir que los dos tenéis que ganar: el cliente porque necesita ese servicio o producto, y tú porque has sacado una comisión o beneficio.

A veces consideramos que en una venta hay un ganador (el vendedor, que recibe dinero) y un perdedor (el comprador, que da el dinero), esto no es cierto. Si lo que vendes aporta un valor, las dos partes ganan: tus clientes solucionan un problema que tenían o necesidad, lo cual les ayudará a su vez a crear más valor, y tú recibes una compensación justa por tu trabajo. *Win—Win*.

Tu producto no tiene que ser perfecto. No hay nada perfecto. Céntrate en que resuelva un problema o una necesidad, eso es lo que verdaderamente.

Cobra por tu trabajo, tu tiempo vale dinero. La gente no valora lo que es gratis. Además de esto, recibir una compensación económica justa por lo que haces te da opciones de cara al futuro. Te permite reinvertir parte de ese dinero en formación, en crear tu propio negocio etc.

No existen fallos, sólo experiencias, Si en una visita no vendes, no pasa nada, no lo tomes como un fracaso y analiza por qué no compró y aprende de ello. Una venta fracasada te dará muchísima información sobre lo que quiere o no quiere el cliente: te servirá para las próximas ventas.

El que algo sea caro o barato es siempre relativo. Existen personas que se gastan mil euros en un IPhone, dos mil euros en un portátil o medio millón de euros en un Ferrari, todo depende del partido que le saques.

Con la venta de productos o servicios en empresas pasa lo mismo. Yo me compré un programa informático para mi empresa que me costó más de 18.000 € porque lo necesitaba para administración, y con el ahorré un montón de horas de trabajo. Si es barato o caro no lo sé, sólo confirmo que lo necesitaba y su valor en el mercado resultaba ese.

No pienses, por tanto, en términos de caro o barato. Mejor hazte las siguientes preguntas:

¿Cuánto valor estás ofreciendo?

¿Eres capaz de transmitir ese valor?

¿Cómo de doloroso y urgente es el problema que estás solucionando?

¿Cuánto desean tus posibles clientes lo que estás ofreciendo?

¿Qué otras opciones tienen tus posibles clientes a su disposición y cuánto cuestan?

Eso te dará seguridad a la hora de vender el producto.

Cree en tu producto. Debes creer en lo que ofreces y estar convencido de que puede ayudar a la empresa o a la gente con él.

Por supuesto, la venta no es sólo para las empresas, también existe la venta profesional. En ella el producto somos nosotros y el valor se mide por el grado de profesionalidad que tengamos cada uno, así como de nuestros éxitos adquiridos en el tiempo. Por ejemplo, no cobrará lo mismo un cirujano recién salido de la universidad que el que tiene un largo currículo de intervenciones realizadas con éxito. Igual pasa con los demás profesionales: abogados, arquitectos, psicólogos, dentistas, ingenieros, mecánicos, y un largo etcétera.

Sé honesto con el cliente. Te lo agradecerá y, si no le vendes hoy, lo podrás hacer mañana.

48. TIRAR LA VACA

Un monje paseaba por un bosque con su discípulo cuando, en la lejanía, le pareció divisar una cabaña de apariencia muy austera, así que decidió acercarse a visitarlo.

Durante la marcha le comentó a su discípulo sobre la importancia de realizar visitas, de conocer a nuevas personas y de las oportunidades de aprendizaje que se obtiene de tales experiencias. Fue justo al alcanzar el refugio que constató la suma pobreza de inundaba el lugar. Los habitantes eran una pareja y sus tres hijos, vestidos con harapos rasgados y descalzos. La vivienda, poco más que un cobertizo de madera.

El peregrino se aproximó al cabeza de familia y le preguntó: «En este lugar donde no existen ni posibilidades de trabajo ni puntos de comercio, ¿cómo hacen para sobrevivir?», a lo que el señor le respondió: «Amigo mío, nosotros tenemos una vaca que da varios litros de leche todos los días. Con la leche hacemos queso, cuajada y otros derivados para nuestro consumo, los excrementos los *secamos al sol y hacemos fuego».*

El monje agradeció la información, contempló el lugar por un momento, se despidió y se fue. Al salir, le ordenó a su discípulo: «Ahora que no te ven, busca la vaca, llévala al precipicio que hay allá enfrente y empújala por el barranco».

El joven, espantado, miró al maestro y le respondió que la vaca era el único medio de subsistencia de aquella familia. El maestro permaneció en silencio y el discípulo no tuvo otra opción que obedecer.

Empujó la vaca por el precipicio y la vio morir. Aquella escena quedaría grabada en la memoria del joven durante toda la vida.

Un día, el muchacho, agobiado por la culpa, decidió abandonar todo lo que había aprendido y regresar a aquel lugar. Quería confesar a la familia lo que había sucedido, pedirles perdón y ayudarlos. Y así lo hizo.

A medida que se aproximaba a la zona pudo comprobar que, para su sorpresa, el entorno había mejorado de una manera extraordinaria: árboles floridos, una bonita casa con un coche en la puerta y unos niños jugando en el patio. El joven se sintió triste pensando que aquella humilde familia hubiese tenido que vender el terreno para sobrevivir. Aceleró el paso y fue recibido por un hombre bien ataviado, disfrutando de buena salud y simpática actitud.

El muchacho, confundido, preguntó por la familia que allí vivió hacía unos cuatro años. El señor le respondió que siempre habían habitado aquel lugar. Espantado, el discípulo entró en la casa y pudo confirmar que se trataba de la misma familia que visitó tiempo atrás con su maestro.

Elogió el lugar y le preguntó al antiguo dueño de la vaca: «¿Pero cómo hizo para mejorar este lugar de este modo tan notable y cambiar de vida?». El hombre le respondió: «Teníamos una vaca que cayó por el precipicio y murió. No sabíamos qué hacer: si nos la comíamos quedaríamos igual, por lo que decidimos vender la carne y, con el dinero que nos dieron, compramos gallinas; y con lo que nos daban por los huevos compramos ovejas; y con el dinero que nos daban por el queso y los corderos compramos vacas; y así pudimos prosperar y alcanzar el éxito que puedes observar ahora.

Moraleja:

Al quedarse sin la vaca, la necesidad llevó a la familia a desarrollar otras habilidades que desconocían que tenían, como el emprender un negocio que les permitió prosperar en sus vidas.

¿Qué es, entonces, «tirar la vaca»? Es el conformismo, es el trabajar en algo que no te motiva, que no te gusta, que no te hace crecer, simplemente porque es seguro y sacas una pequeña remuneración que te permita sobrevivir.

«Tienes que tirar la vaca». Si quieres progresar debes recordar que quien no arriesga no gana, y tú has nacido para ganar. Si fracasas en el primer intento no pasa nada: lo conseguirás en el segundo o en el tercero; pero lo harás.

Hablamos de, por ejemplo, aquel estudiante universitario que acaba su carrera y se conforma con un trabajo rutinario y mediocre en una oficina por no más de mil euros al mes. «Tienes que tirar la vaca». Mete tu título en un cajón y arriésgate, eres joven y estás preparado. O lo haces ahora o no lo harás nunca.

El conformismo es el cáncer de éxito. Hay que luchar por lo que uno quiere hasta conseguirlo.

49. LA SUERTE

"La suerte es lo que sucede cuando la preparación se encuentra con la oportunidad"

Darrell Royal

Le preguntaron a George Washington si creía en la suerte, y éste, mirándolo fijamente al periodista, le contestó: «de cada diez ocasiones afortunadas, nueve las puedo provocar yo».

Sólo el 10% de nuestra existencia es aleatoria, el 90% restante se define por cómo afrontemos lo que nos ocurre.

La suerte es un encadenamiento de sucesos que es considerado como casual o fortuito. Es una cuestión de actitud: ¿qué estás dispuesto a hacer hoy para que la diosa Fortuna te sonría?

Amuletos, tréboles de cuatro hojas, tocar madera… ¿Atraen de verdad a la suerte? Pasar por debajo de una escalera, el número trece, ver un gato negro… ¿Hace lo mismo con la mala suerte? La respuesta es un rotundo NO.

La ciencia nos dice que la gente afortunada actúa sobre las oportunidades que se encuentran en la vida. Cuantas más coyunturas aproveches, mayor probabilidad tendrás de atraer la suerte.

Las personas prósperas actúan según sus intuiciones en muchas áreas de sus vidas. Casi el 90% de éstas dice confiar en su intuición cuando se trata de relaciones personales, y casi el 80% asegura que ésta jugó un papel vital en su carrera y en sus decisiones financieras.

Las matemáticas nos ayudan a entender la **probabilidad de que nos toque la suerte**, y lo que nos dice la estadística es que estamos mucho más lejos del ansiado premio que del **meteorito** que nos algún día nos pueda caer encima.

PROBABILIDADES DE QUE TE TOQUE LA LOTERÍA

PRIMITIVA

Acertar 6 números más el reintegro.

1 ENTRE 139.838.160

EUROMILLONES

Acertar los 5 números y 2 estrellas.

1 ENTRE 116.531.800

LOTERÍA NACIONAL

Acertar el número y la serie.

1 ENTRE 18.000.000

BONO LOTO / PRIMITIVA / 6/49

Acertar los 6 números sin reintegro.

1 ENTRE 13.983.816

ONCE

Acertar las 5 cifras del cupón.

1 ENTRE 100.000

50. NO TEMAS AL FRACASO

¿Sabías que Albert Einstein no superó el examen de ingreso del prestigioso Instituto Politécnico Suizo?

No hay que temerle al fracaso: es la antesala del éxito. Aprendamos de los individuos sobresalientes, aquellos que fracasaron más de una vez hasta alcanzar el éxito.

Mejor que te lo digan los más grandes:

«*No temas al fracaso, pues no te hará más débil, sino más fuerte*». —*Abraham Lincoln.*

Steven Spielberg intentó entrar varias veces en la Escuela de Teatro, Cine y Televisión de la Universidad de California del Sur, pero su baja nota media se lo impidió.

«*Un fracaso es una oportunidad, un primer boceto, un borrador. No he fracasado. Acabo de encontrar diez mil maneras que no funcionan*». —*Thomas A. Edison.*

«El fracaso no es de temer. Es a partir del fracaso que aparece el crecimiento». —Dee Hock.

«El éxito consiste en ir de fracaso en fracaso sin perder el entusiasmo». —Winston Churchill.

«Recuerde que el fracaso es un acontecimiento, no una persona». —Zig Ziglar

«El fracaso es sólo la oportunidad de comenzar de nuevo, pero, esta vez, de forma más inteligente». —Henry Ford.

«Sólo aquellos que se atreven a fracasar grandemente pueden lograr grandemente». —Robert F. Kennedy.

«Cada adversidad, cada fracaso, cada dolor de corazón lleva consigo la semilla de un beneficio igual o mayor». —Napoleón Hill.

«He llegado a creer que todo mi fracaso y frustraciones pasados fueron realmente las bases de los entendimientos que han creado el nivel nuevo de vida que ahora disfruto». —Tony Robbins.

«Puede que tengas que luchar una batalla más de una vez para ganarla». —Margaret Thatcher.

«Lo que nos parecen ser pruebas amargas son, a menudo, bendiciones disfrazadas». —Oscar Wilde

«Cuando uno toma riesgos, aprende que habrá momentos de éxito y momentos de fracaso, y ambos son igualmente importantes». —Ellen DeGeneres.

«La gente que evita el fracaso también evita el éxito». —Robert T. Kiyosaki.

«Sólo hay una cosa que hace que un sueño sea imposible de alcanzar: el miedo al fracaso». —Paulo Coelho.

«El desaliento y el fracaso son dos de los peldaños más seguros para el éxito». —Dale Carnegie.

«**No deje que el miedo a perder sea mayor que la emoción de ganar**». —**Robert T. Kiyosaki.**

«Los fracasos son oportunidades para mejorar lo que has hecho hasta ahora»." —CLI.

"Está claro que el fracaso es el ensayo del éxito"

51. MEJORA TODO LO QUE HAGAS

"He observado muchas veces que para prosperar en este mundo hay que tener aire de tonto, pero sin serlo".

Montesquieu

Una de las mejores formas de aprender es intentando mejorar. No hay mejor manera de comenzar el día que cuando uno de tus empleados te dice, por ejemplo, que ha encontrado un sistema que nos permitirá ahorrar un 25% del tiempo en hacer un motor. O cómo al haberle puesto a los comerciales un nuevo software en sus *tablets*, ahora podemos hacer que los pedidos pasen directamente desde la casa del cliente al almacén, lo cual nos ahorra tres días de servicio del pedido y dos personas para su gestión. ¡Genial ¿verdad?! La próxima persona que subiría de categoría serías tú. Y no sólo ganarías un ascenso, sino que tu opinión siempre va a ser considerada frente a tu jefe, con el consecuente aumento de tu autoestima. Sabes, además, que en cualquier negocio de la competencia estarían encantados de poderte contratar.

Para mí, el ascender de categoría en las empresas en las que trabajé fue básico, y también lo fue el prepararme para crear las mías propias con cierta seguridad de éxito. Si aprendes a mejorar las cosas, el éxito te sonreirá. Créeme.

Por ejemplo: si entro a trabajar en una empresa y aprendo cómo funciona todo y estudio cómo mejorarlo, puedo fundar una igual y hacer que funcione mejor, con lo cual mi éxito está garantizado.

Había en EEUU un ejecutivo "Coach" que se dedicaba a dar conferencias por todo el país. Ganaba muchísimo dinero por cada discurso, lo cual le permitió el lujo de contratar un chófer para que le llevara a cada ciudad. Por desgracia, un día sufrió una lumbalgia que lo forzó a cancelar la siguiente ponencia, no obstante, el conductor (que presenciaba todas las conferencias con suma atención) le dijo: «no la anule, que la puedo exponer yo». El jefe, sorprendido, le respondió: «pero si tú eres chófer, ¿cómo vas a poder hacerlo tú?». «Sí», le espetó, «seré el chófer, pero me sé su discurso de memoria. ¡Pregúnteme!». El ejecutivo le hizo unas preguntas que su empleado contestó perfectamente, incluso con los mismos ademanes, gesticulaciones y silencios. El conductor hizo de su conferencia un éxito, pues llegó hasta mejorarla. Desde entonces, el chófer se convirtió en conferenciante.

52. TEN VISIÓN

"Para un líder, carácter significa tener visión de futuro, observar las cosas no sólo como son, sino como deberían ser, y hacer lo que haga falta para conseguirlo"

Warren Bennis

"Que el árbol no te impida ver el bosque"

Es asombroso cuánto tiempo invierten las personas en planificar sus vacaciones si se compara con el poco que dedican a planificar un viaje mucho mayor: sus propias vidas. Quizás sea porqué muchos no creen tener control sobre su destino y, por lo tanto, no tratan de cambiarlo.

Tener visión según los expertos:

Las personas no saben cómo adquirir una visión para su vida más allá de unas vagas ideas de bienestar general. Sin embargo, para tener éxito en cualquier emprendimiento hay que ir más allá. Hay que hacer un esfuerzo consciente para determinar un rumbo.

Sin visión no hay provisión. Si no se tiene claro el destino de tu vida, no se invierte tiempo ni dinero en tratar de mejorarla.

Tener una visión para la vida y fijar metas y objetivos para alcanzarla se puede comparar con la elección de un destino para las vacaciones y los planes necesarios para llegar allí. El problema es que la mayoría de las personas no son conscientes de la importancia que tiene planificar sus vidas: dedican más tiempo a organizar sus vacaciones. Y eso les lleva a la deriva, sin tener un rumbo fijo, esperando que algún día las cosas cambien.

Al igual que en las vacaciones, la elección del destino es más importante que la propia planificación del viaje. Es relevante adquirir una visión para la vida. Hay que tener una imagen clara de lo que uno quiere lograr en el futuro.

La ignorancia de muchos es no pensar que el principal activo no son los bienes que poseemos, sino nuestro tiempo, y les pasa como a la cigarra que no se acuerda de que, después del verano, llega el invierno. Entonces, se les echa el tiempo encima y ya no pueden rectificar. Por ejemplo, ¿cuántos trabajadores tienen un plan de jubilación para cuando lleguen a la jubilarse? Poquísimos, ¿verdad? Esto repercutirá en el bienestar de la última etapa de su vida, teniendo que malvivir cuando más lo necesitan.

Por eso es importante tener visión, para así poder tener claridad sobre dónde quieres llegar y así poder planificar las acciones necesarias para alcanzar el éxito.

¿Cómo será tu estilo de vida de aquí a quince años?

Cada persona es responsable de las elecciones que hace en la vida.

Uno de los remordimientos más grandes que podemos tener en el futuro no es por lo que hicimos mal, sino, más bien, por lo que no hicimos. Por eso hay que, sabiamente, elegir las metas y objetivos para alcanzar la visión que tenemos en nuestra mente.

¿Cómo puedes adquirir una visión para tu vida?

Tómate el tiempo necesario para pensar y meditar acerca de tu visión y hazte estas preguntas:

¿Qué es importante para mí?

¿Qué propósito tiene lo que estoy haciendo?

¿Qué estoy dispuesto a sacrificar para que suceda esto?

Cuando logres contestar honestamente estas tres preguntas, vas a adquirir una claridad para tu futuro que te proporcionará la energía para alcanzar tus metas.

La vida te da la oportunidad de alcanzar tus éxitos. Piensa en grande y no te dejes limitar por tus circunstancias actuales. No te quedes esperando a que ocurra, actúa para cambiarlo.

Si lo que pretendes conseguir es tu libertad financiera, ponle una cifra. Por ejemplo, quiero conseguir ahorrar 50.000 € para montar un negocio. Una vez he establecido un valor objetivo, fíjate tres tipos de metas: a corto plazo, a medio plazo y a largo plazo, así podrás evaluar tu proceso. Recuerda: las metas son para cumplirlas, sal de tu zona de confort. Toma acción y la vida te sonreirá,

53. NO DESCUIDES LA FAMILIA

"Un hombre nunca debe descuidar la familia por su negocio"

Walt Disney

Después de tu vida, la familia es lo más importante que vas a tener. Encontrarás pareja, te casarás o convivirás, crearás tu propia familia, tendrás hijos y vivirás los años más felices de tu vida. No caigas en el error de descuidar tu familia, tienes que compaginar tu trabajo con ella. Por eso es tan importante gestionar tu tiempo, porque, sin él, nunca vas a alcanzarlo todo y fracasaras.

Recomendaciones:

Nunca lleves el trabajo a casa. Desconecta de tu empleo en el momento en que abandones tu lugar de trabajo.

Ten dos números de móvil: el del trabajo y el particular, así podrás separar las dos facetas.

Cuidado con las redes sociales: publica lo mínimo. Piensa que, en la búsqueda de empleo, es lo primero que miran las empresas, así se hacen una idea de la persona que piensan contratar y te calificaran por ello. Dime que programas de televisión ves, y te diré quién eres.

Cuidado con los grupos de Whatsapp. Hoy en día, todo se sabe.

Ten cuidado con lo que escribes en Twitter o en otros medios digitales ya que puede volverse en tu contra. Por ejemplo, un comentario político.

Sé inteligente, pasa desapercibido. Sólo deja ver de ti lo que tú quieres que los demás vean.

54. MOTIVACIÓN

"Si mi mente puede concebirlo, mi corazón puede creerlo y, entonces, puedo lograrlo"

Muhammad Alí

Cada individuo tiene diferentes formas de percibir las cosas y distintas expectativas, por eso no podemos motivar a todas las personas por igual. Primero, debemos identificar su forma de entender el mundo a través de sus diversas actitudes, y ya, después, hablarle en su idioma.

Existen muchas teorías de la motivación, pero, sea la que sea, una de las cosas que debemos tener en cuenta es que cada persona es diferente, tenemos que conocerla y una de las principales diferencias que debemos considerar es que hay gente cuyo punto de vista es interno y, en otros, sucede al revés.

Pensemos un momento en esas personas que no necesitan

motivación porque su punto de vista es interior y no necesitan que le digan que hacen bien las cosas, ni tampoco que le digan «vete a buscar clientes». Él siente motivación por sí mismo y, cuando hace las cosas, no está esperando el reconocimiento: su referencia es interna. Pero hay personas cuya perspectiva es externa, aquellas que buscan continuamente la gratitud de los demás por lo que están haciendo está bien: por ejemplo, si la vestimenta que llevan les sienta bien, siempre andarán sobre nosotros solicitando nuestra aprobación o reclamando nuestro punto de vista. Y no tiene nada que ver con la inseguridad; es, simplemente, cómo ha sido educado nuestro cerebro para trabajar. Estamos esperando ese reconocimiento, por eso es imprescindible identificarlos, porque las personas que tienen un punto de referencia externo, si no les damos la aprobación que esperan, se desmotivan.

Pensemos en el trabajo con un compañero o comercial: «me encanta el trabajo que hiciste», «muchas gracias por haberlo terminado tan rápido», «me encanta saber que puedo confiar en ti porque haces tu trabajo perfectamente»… Si no les damos lo que necesitan van a sentir que no son valorados, que no son tenidos en cuenta y su grado de satisfacción bajará. Ahora bien, las personas que buscan el reconocimiento habitualmente también están buscando progresar. Podemos generalizar que son un 95%, aproximadamente, y esto es muy bueno. Por eso debemos dar un refuerzo positivo, porque es una manera muy adecuada de motivar.

Consideremos que el nivel de desempeño siempre va a ser equivalente al nivel de satisfacción, y parte de la satisfacción que puede encontrar una persona es conocer que aquellas responsabilidades que le tocan las sabe hacer perfectamente. Si tú, al reconocer su trabajo ves que encuentras correcciones muy positivas y, además, si te pregunta el porqué, es que, definitivamente, su punto de referencia es externo.

Existen individuos que tienen un poquito de ambas perspectivas (interna y externa). En ese caso hay que fijarse qué es lo que más rige: siempre hay un porcentaje mayor de uno que del otro, y al que tiene un punto de vista interno no le vale que le digas «oye, qué bien lo has hecho»; la única diferencia es que no lo necesita para sentirse satisfecho. Por eso, al que tiene un punto de referencia externo hay que ofrecerle lo que busca: «qué bien has hecho este trabajo», «qué bien te sienta ese traje», etc. Sin embargo, al que lo tiene interno, no hace falta decirle nada, basta con delegarle autoridad y darle libertad.

Un verdadero líder no controla, sino que propicia las situaciones mediante su modo particular de hacer las cosas teniendo en cuenta el punto de referencia de cada uno de los miembros de su equipo. Así, el líder ayuda a las personas para que actúen por iniciativa propia. Un buen líder sabe cómo motivar al personal.

Hay que tener en cuenta que, en una empresa, cuando ponemos premios de motivación hay que pensar en todos los miembros del grupo al cual va dirigido. Por ejemplo: «Voy a poner un viaje a Tailandia a todos los miembros si alcanzamos el objetivo de ventas en un 120% este próximo trimestre». Cuidado, a lo mejor en el equipo hay personas que no les gusta viajar o que ya han estado en Tailandia el último verano, o que están casados y el viaje es sólo para una persona. Este suele ser un fallo típico de las empresas grandes, pues, en este caso, habrá gente a la que no le motive dicho viaje y no haga nada para llegar al objetivo. En cambio, si pusiéramos como premio un viaje a Tailandia o un premio de 3.000€ para que comprar lo que uno quiera, la cosa cambiaría, ¿verdad? Porque incentivas a todos los miembros del grupo para luchar por alcanzar ese premio. 10 consejos para motivar según los expertos:

    1.- Comprende que la motivación viene del interior. Los líderes hacen que las personas se motiven a sí mismas.

2.- No admitas limitaciones. Demuéstrales que son capaces de hacer más de lo que ellos se piensan.

3.- Motiva con el ejemplo. No hay mejor forma de motivar que demostrar tus habilidades, eso te hará crecer y aumentará tu reputación.

4.- Pon en marcha un plan de reconocimiento. Todas las personas han de sentirse reconocidas, hasta la mujer de la limpieza. Esto aumentará su autoestima y trabajará mucho mejor.

5.- Escucha la opinión de los demás. Te ayudará a entender cómo funcionan las cosas para así poderlas mejorar.

6.- Fomenta la autodisciplina. Esto te permitirá tener unos trabajadores autodisciplinados sin tener que estar pendiente de que desarrollen sus labores diarias.

7.- No prestes atención a las excusas, sino a los resultados. Si nos centramos en los resultados podremos revelar la evolución de la persona para felicitarla y, de igual modo, para analizar con ella las posibles mejoras.

8.- Crea un plan de carrera. Los individuos deben tener un plan de carrera profesional así como una formación continua. Así tendrás personal formado y fidelizado con la empresa y una buena atención a sus clientes.

9.- Conoce las fortalezas de tu equipo. Te permitirá aprovechar mejor su potencial. A veces tenemos personas muy buenas sin saber que las tenemos.

10.- Lidera desde el frente. Los soldados siguen siempre al sargento, no al capitán.

55. HAZ QUE LAS COSAS SUCEDAN

"Algunas personas quieren que algo ocurra, otras sueñan con que pasará, otras hacen que suceda".

Michael Jordan

Algunos decían que era un genio. Otros, que era sobrenatural.

La realidad es que las notas mágicas que salían de su violín tenían un sonido diferente, por eso nadie quería perder la oportunidad de ver su espectáculo.

Una noche, el escenario de un auditorio estaba repleto de admiradores, preparados para recibirlo. La orquesta entró y fue aplaudida. El director fue ovacionado.

Pero cuando la figura de Paganini surgió, triunfante, el público deliró. Paganini colocó su violín en el hombro y lo que sucedió a continuación es indescriptible. Blancas y negras, fusas y semifusas, corcheas y semicorcheas parecían tener alas y volar con el toque de aquellos dedos maravillosos. De repente, un sonido extraño interrumpió el ensueño del público asistente. Una de las cuerdas del violín de Paganini se había roto. El director paró. La orquesta se detuvo. El público se quedó en silenció. Pero Paganini continuó tocando. Mirando su partitura como si nada hubiera ocurrido, él continuó extrayendo sonidos deliciosos de un violín con problemas. El director y la orquesta, admirados, volvieron a tocar y el público se tranquilizó.

De repente, otro sonido perturbador atrajo la atención de los asistentes. Otra cuerda del violín de Paganini se acababa de romper. El director paró de nuevo y la orquesta se detuvo otra vez. Pero Paganini siguió con el concierto. Como si nada hubiera ocurrido, se olvidó de las dificultades y continuó arrancando sonidos imposibles de su violín de dos cuerdas. El director y la orquesta, impresionados, volvieron a tocar.

Pero el público no podía imaginar lo que iba a ocurrir a continuación. Todas las personas, asombradas, gritaron cuando la tercera cuerda del violín de Paganini se rompió.

El director y la orquesta se detuvieron una vez más, como la respiración del público, que pensó que el concierto había llegado a su final. Pero Paganini siguió. Como si fuera un contorsionista musical, arrancó todos los sonidos posibles de la única cuerda que quedaba en el violín. Ninguna nota fue olvidada.

El director, embelesado, se animó. La orquesta se motivó. El público pasó del silencio a la euforia, del pánico al delirio. Paganini alcanzó la gloria. Su nombre perdura a través del tiempo. Porque él no es un violinista genial, es el símbolo del profesional que continúa adelante aunque todo el mundo diga que es imposible.

Cuando tus cuerdas se rompen, haz como Paganini, sigue adelante con fe. Los sueños y el triunfo están delante de ti y, si paras, nunca los alcanzarás.

"Victoria es el arte de continuar, cuando otros deciden parar"

"No hay peor cosa en la vida que arrepentirte de no haberlo hecho".

La mayoría de veces creemos en promesas, esperamos que las cosas sucedan, confiamos en el azar, compramos lotería, La Primitiva, La Bono Loto… Creemos que la suerte nos sacará de nuestras miserias, pero la suerte no llega y nos hacemos viejos esperando y esperando esa maldita fortuna que nos arregle la vida. En ese momento ya es tarde y sólo nos queda lamentarnos. ¿Por qué no hicimos algo para mejorar nuestra vida? Montar un negocio, formarte profesionalmente para ocupar un puesto mejor, estudiar una carrera, etc. Ya es tarde, se nos acabó el tiempo. Y todo por esperar a que las cosas sucedieran.

"Sé como Paganini. Haz que ocurran las cosas"

56. CONTROLA TUS FINANZAS

"Nunca serás rico si tus gastos exceden a tus ingresos, y nunca serás pobre si tus ingresos superan tus gastos".

Thomas Chandler

Es importantísimo que controles tus finanzas. Mucha gente ha terminado en la ruina por no saber hacerlo, incluso existen informes que afirman que el 60% de las personas a las que les toca la lotería acaban arruinadas. Para que no te pase esto, permíteme que te dé unos consejos:

Ahorra un 10%, gasta otro 10% en formación, 10% para diversión, otro 10% regálalo y vive con el 60% restante.

¿Por qué ahorrar un 10%? Porque en la vida siempre hay imprevistos que te pueden salir y no podemos estar a expensas de los créditos. Los bancos siempre te los ofrecen cuando la cosa va bien, pero cuando los vientos cambian nadie te presta nada. He visto gente perder lo que más quería por conseguir un poco de dinero para salvar una situación comprometida: una enfermedad, la pérdida del trabajo, satisfacer la hipoteca del piso para que no se lo quedara el banco, etc.

¿Por qué el 10% en formación? Porque tenemos que ser los mejores y, para ello, hay que formarse continuamente. Hoy en día, el secreto del éxito está en la formación, tanto para conseguir un trabajo como para conservarlo. Igual pasa en las empresas: o tienes a tus trabajadores formados o no tienes negocio, por este motivo, ya en sus cuentas de explotación destinan siempre una cantidad para la formación tanto de sus ejecutivos, como del resto de personal. La rentabilidad de la empresa depende de ello.

¿Por qué 10% para diversión? Porque tenemos que premiarnos y motivarnos. Debemos estar alegres. Ver un ejecutivo con una sonrisa es genial porque sabes que le va bien y, si le va bien, es que está sacando buenos resultados. Esta *on fire*. Tenemos que divertirnos y sentirnos felices, disfrutar de lo que hacemos. En las empresas es importantísimo: forma parte de la motivación y, por supuesto, es el germen de los buenos resultados. Por eso destinan cada mes o trimestre una partida de dinero para motivar a su personal, sobretodo, el comercial y directivo; en cenas, salidas, excursiones, etc.

El 10% gástatelo en regalarlos. ¿A quién?, te preguntarás. A tu pareja, invítala a cenar en buen restaurante; a tus hijos, cómprales aquella consola que tanto les gusta o llévalos a Disney Land; en una ONG, para que puedan salvar vidas, como Médicos sin fronteras, Unicef, Caritas, etc. Verás que bien te sentirás si lo pruebas.

Del 60% restante deberás vivir. Según lo que ganes, tendrás un ritmo de vida más elevado, vivirás en una zona más lujosa, en un piso más grande, un coche más elegante, vestirás mejor, comerás en restaurantes más lujosos, etc.... Así es la ley de la vida.

No te avergüences de ello: lo has conseguido con tu trabajo y por eso debes disfrutarlo.

Que no te preocupe por los que te tienen envidia, siempre te la tendrán ya que es el mal de los fracasados.

57. LAS RELACIONES PÚBLICAS

"La comunicación es una habilidad que puedes aprender. Es como montar en una bicicleta o teclear: si estás dispuesto a trabajarlo, puedes mejorar rápidamente la calidad de cada aspecto de tu vida".

Brian Tracy (experto canadiense en formación y desarrollo de personas y organizaciones)

Las relaciones públicas son muy importantes en la vida, tanto en la profesional como en la particular.

Muchas veces, nos encontramos con un problema y no sabemos a quién acudir. Es fantástico poder coger la agenda y hacer una llamada a tu amigo abogado, al informático, al médico, al mecánico, etc. y hacerle una pregunta o pedirle un consejo sobre algo de su profesión que te permita salir de dudas. Por ejemplo, estás de vacaciones en Hong Kong y se te ha estropeado la tarjeta SIM del móvil y llamas desde el hotel a tu amigo que trabaja en el operador para que te haga un desvío de llamadas mientras te envía un duplicado de tarjeta urgente al hotel.

Las relaciones públicas tienes que cultivarlas a lo largo los años, ya que son fundamentales para resolver problemas a lo largo de tu vida.

También, relacionarte con la gente es fundamental para crecer personalmente, profesionalmente y tener amistades. En el trabajo, por ejemplo, debes relacionarte con todo el mundo, desde la mujer de la limpieza a tus compañeros; con tus jefes, etc. Nunca sabes quién te puede ayudar en algo y, cuando les pidas auxilio, te lo darán. Es fundamental también para subir de categoría, si no te llevas bien con tus jefes nunca vas a poder progresar. Con las relaciones externas (por ejemplo, proveedores) dependerá de si te llevas bien con ellos que te atiendan mejor y más rápido. Por otro lado, como jefe tienes que mantener buena relación con el resto de superiores y, por supuesto, con tu personal al cargo, ya que de ello depende de que desarrollen bien sus funciones, de conseguir unos excelentes objetivos y de que no haya conflictos internos en el grupo. También, en tu vida particular debes guardar buenas relaciones. Son fundamentales para conseguir una vida libre de conflictos y armoniosa. Serás más feliz y harás más felices a los que te rodean.

"Si me hubiera quedado con mi último dólar, lo gastaría en relaciones públicas". —Bill Gates, *(empresario, informático y filántropo)*.

58. NO BUSQUES PRETEXTOS

"Las oportunidades están donde otros encuentran excusas".

Jack Ma

Los pretextos son el cáncer del éxito. Son las excusas que te hacen no hacer, el amigo más grande del fracaso, el compañero de la mentira, la pólvora de las guerras, el culpable de los sueños rotos, de la obesidad en el mundo, de no combatir la pobreza, de la desigualdad, del machismo, etc.

Siempre hay un pretexto para no hacer las cosas. Es el enemigo del esfuerzo, de nuestro crecimiento personal, de la autoestima y del progreso.

"Si realmente quieres hacer algo, encontraras la forma de hacerlo, si no, encontraras un pretexto".

Los pretextos son tan antiguos como el hombre. Los conocemos desde la primera escritura. Por ejemplo, Moisés llegó a la cima del monte Sinaí y Dios le habló: *«Yo soy el Dios de tu padre, Dios de Abraham, Dios de Isaac y Dios de Jacob. Entonces, Moisés cubrió su rostro porque tuvo miedo de mirar a Dios».*

Éxodo 3:10 Ven, por tanto, ahora, y te enviaré a Faraón para que saques de Egipto a mi pueblo, los hijos de Israel.

Pretexto No. 1.

Éxodo 3:11 — Entonces, Moisés respondió a Dios: «¿Quién soy yo para que vaya a Faraón y saque de Egipto a los hijos de Israel?».

Réplica No. 1.

Éxodo 3:12 — Y él respondió: «Ve, porque yo estaré contigo; y esto te será por señal de que yo te he enviado: cuando hayas sacado de Egipto al pueblo, serviréis a Dios sobre este monte».

Pretexto No. 2

Éxodo 3:13 — Dijo Moisés a Dios: «He aquí que llego yo a los hijos de Israel, y les digo: "El Dios de vuestros padres me ha enviado a vosotros". Si ellos me preguntaren: ¿Cuál es su nombre?; ¿qué les responderé?

Réplica No. 2 —

Éxodo 3:14 — Y respondió Dios a Moisés: «YO SOY EL QUE SOY». Y dijo: «Así dirás a los hijos de Israel: "EL QUE ES me envió a vosotros"».

"Si quieres triunfar en la vida elimina los pretextos"

Como eliminar los pretextos. Por ejemplo:

Piensa en un objetivo para tu negocio que hayas estado posponiendo en el último año. Coge una hoja de papel, divídela en dos con una línea vertical por la mitad. A la izquierda, anota todos los pretextos que tengas para no trabajar en ello y, a la derecha, pon los beneficios que conllevaría hacerlo.

Pretextos	Beneficios.
Por ejemplo:	**Por ejemplo:**
No tengo dinero	Ganar mucho más dinero
Es muy difícil.	Ser mi propio jefe.
Por dónde empiezo.	Trabajar en lo que me gusta.
Me da pereza.	Podre tener una casa mejor.
Estoy demasiado ocupado.	Creceré profesionalmente.
No tengo tiempo.	Seré dueño de mi propia vida.

Cuando termines con esto, pon ambas listas en una balanza y, la que pese más para ti, será la que debas escoger.

Si elijes la lista de la derecha estarás tomando acción para hacer que ese objetivo se haga realidad. La lista de pretextos que escribiste al principio desaparecerá si verdaderamente quieres lograr el objetivo.

Si, en verdad, quieres alcanzar la meta, necesitas saltar a la acción aunque ello implique sufrimiento.

Parece sencillo, pero hay un pequeño detalle que deberás considerar: ¿estás realmente dispuesto a tomar tu decisión, trabajar en tu objetivo aunque sea un riesgo grande o, por lo contrario, lo que buscas es la seguridad y el confort?

Tu instinto de preservación hará lo que sea necesario por alejarte de los riesgos. No sabes cómo te ira, si te funcionará, tendrás en contra la opinión de tus amigos conformistas, la de tu familia y, además, está la incertidumbre de si funcionará o no.

Ahí es donde entra la técnica que te obligue a tomar acción.

La acción tiene tres alternativas:

1. Quedarte como estas.

2. Hacer el proyecto y quedarte ahí.

3. Lanzarte a por él y, pase lo que pase, llevarlo hasta el final.

La primera ya no es opción si elegiste la lista de la derecha.

La segunda es quedarte a medias, hacer el proyecto pero por miedo a no llevarlo a cabo.

La tercera es luchar por tu proyecto y no parar hasta conseguirlo. Eso te obligara a pasar a la acción.

Cómo me obligué a emprender, ejemplo:

Cuando terminé mis estudios de empresariales rehusaba ponerme a trabajar en una oficina y tener una vida monótona con un horario fijo y sin capacidad de crecer ni desarrollar mi faceta emprendedora. Por eso me prometí que, en cuanto tuviese algo de dinero ahorrado, dejaría mi trabajo y montaría mi propio negocio. Mientras tanto, estudiaría posibilidades en el mercado e iría trabajando en un proyecto para crear un negocio con capacidad de éxito. Esto me llevó cierto tiempo hasta que lo encontré.

Corría el año 1994 cuando empecé a ver los principios de la venta por catálogo, ya que aún no había salido internet. Yo estaba trabajando entonces en una mutua como supervisor, donde, junto con un compañero mío que había trabajado en una multinacional de alimentación, decidimos investigar el mercado. Por entonces había en Barcelona una empresa alemana que se dedicaba a vender productos congelados a domicilio con una red de comerciales, los cuales hacían prospección y, a su vez, tomaban los pedidos de los clientes y, al día siguiente, le llevaban los encargos a casa mediante un repartidor. Aquí encontramos nuestra idea. ¿Y si, en lugar de llevarle los congelados le pudiéramos proveer del resto de la compra? Sería un éxito seguro. Sin más, nos pusimos a trabajar en ello. Nos atrajo tanto la idea que quemamos nuestra lista de pretextos, dejamos el trabajo y empezamos a dedicarnos 100% a trabajar sobre el proyecto.

Alquilamos un pequeño despacho con servicios en un en el Paseo de Gracia de Barcelona y nos dividimos las tareas. Él conocía más el tema de alimentación y yo el de gestión, por lo que comenzamos a crear un *Business Plan*. Todo funcionaba a la perfección: en tres meses teníamos todo el proyecto terminado y listo para la búsqueda de un inversor, ya que la puesta en marcha se disparaba de precio al implicar un gran almacén, reformas del local para adecuarlo, furgonetas de reparto, comerciales, repartidores, personal, etc. Lo teníamos todo perfectamente calculado: el alquiler del local, la reforma, teníamos también concertada la lista de proveedores y productores de todos los productos que comercializaríamos, el *renting* de las furgonetas para el reparto, los chóferes, los comerciales, el jefe de tráfico y de administración, etc. Todo estaba listo para comenzar.

Aquí empezó nuestra toma de decisión que nos marcaria para toda la vida.

En este momento nuestras opciones eran estas:

1. Quedaba solo en un proyecto.

2. Nos lo jugábamos todo a una carta pidiendo créditos bancarios e

hipotecándonos nosotros y a nuestras familias.

3. Buscábamos socio inversor, con el peligro de que se hiciera dueño de la empresa con una simple ampliación de capital, por no encontrar financiación.

Al final tuvimos que venderla a la competencia ya que a todos les interesaba nuestro plan de distribución por zonas al cliente, era muy bueno junto con nuestro plan de marketing. Descubrimos que vender la empresa también era negocio. Ganamos bastante dinero con la venta, nos tomamos un año sabático y viajamos mucho. Después de esto nos llovían las ofertas de trabajo desde la competencia, **pero lo más importante de todo es que supimos que lo podíamos hacer.** Desde entonces, yo he tenido cuatro empresas y he sido ejecutivo en otras cuatro más, incluso he creado y dirigido una asociación empresarial. Mi último proyecto ha sido escribir este libro. Pero habrá más… Nunca dejo de emprender.

"**Ahora es tu turno**"

Ahora que entiendes cómo funciona la técnica, es el momento de crear tu propio negocio. Estos son los pasos:

Paso 1

Anota el objetivo que deseas conseguir.

Paso 2

Haz tu lista de pretextos.

Paso 3

Crea tu lista de beneficios, haz una lluvia de ideas. Piensa en personas, situaciones, lugares o cosas que podrían funcionar y que te van a obligar a tomar acción, escoge una idea y desarróllala. Crea un plan de viabilidad y, si es positivo, toma acción y no lo dejes hasta el final.

59. CADA UNO TIENE LO QUE SE MERECE

"Si hay un idiota en el poder, es porque quienes lo eligieron están bien representados"

Mahatma Gandhi

Cada uno tiene lo que se merece. Esta frase me la dio un amigo alemán cuando era yo aún muy joven y, en una tertulia hablando de política, me contestó en respuesta a una queja de que no estaba de acuerdo con lo que estaba haciendo el gobierno en política económica, ya que no había ayudas para emprendedores: «Vosotros tenéis democracia, ¿verdad? Y elegís a vuestros representantes que, a su vez, eligen a un presidente. Pues si tenéis a un presidente incapaz de resolver este problema, eso es lo que os merecéis. Habed votado mejor». A veces, en democracia no gana siempre el mejor, sino el que mejor se vende. Esto es debido a la media de la cultura que tengan los pueblos. Si el promedio es alto, tendréis un buen presidente, pero si la media es baja, soportaréis a un vendedor de humo. Igual ocurre en la vida real.

Si estás trabajando en algo que no te gusta, búscate otro trabajo.

Si no tienes dinero para comprarte un coche nuevo, trabaja más para conseguirlo o búscate otro trabajo donde te paguen más.

Si no soportas a tus jefes, monta tu propio negocio y así no tendrás que aguantar a ningún superior.

Recuerda: todos nacemos, relativamente, con la misma inteligencia. Todos tenemos las mismas posibilidades de desarrollarnos. Hoy en día es económico estudiar y, si no, en internet lo tienes todo; sólo necesitas una conexión.

Todos tenemos posibilidades de formarnos. Algunos las aprovechan y otros no.

Todos tenemos posibilidades de triunfar. Algunos luchan y lo consiguen y otros ni lo intentan.

¿Sabes cuánta gente millonaria ha trabajado primero en McDonald's para poder pagarse sus estudios? Te sorprendería.

No triunfan los más ricos, sino los que se preparan mejor.

Fórmate, prepárate bien y busca tu éxito.

60. CLONAR EL ÉXITO

¿Qué es clonar el éxito? Significa hacer una copia de una empresa que funciona, y crear otra igual.

Lo podemos ver en muchos tipos de sectores, franquicias, etc.

En internet también lo vemos, por ejemplo, a Just Eat le salió La Nevera Roja, que funcionaba exactamente igual.

Pasa igualmente con operadoras de telecomunicaciones. Las nuevas se copian de las consolidadas, poniendo, simplemente, sus ofertas más económicas porque no tienen gasto de despliegue de red, ya que utilizan la red de los otros operadores y, más adelante, en el momento en el que se hacen con una buena cartera de clientes, la venden.

Sucede de igual modo en negocios más pequeños como restaurantes, bares, peluquerías, panaderías, tiendas de todo tipo y género, etc. Siempre hay un trabajador que está dispuesto a aprender un tiempo donde trabaja y crear luego una empresa similar con probabilidad de éxito, ya que conoce el producto o servicio perfectamente por haber trabajado antes en ella.

También se alquila el éxito. En cadenas de franquicias, por una inversión inicial y unas cuotas mensuales te ofrecen una fracción de negocio para que lo explotes en tu lugar de residencia con la seguridad, normalmente, de una rentabilidad de explotación asegurada. Como ejemplo tenemos cadenas de panaderías, cafeterías, peluquerías, depilación láser, fruterías, ferreterías, agencias inmobiliarias, etc.

Los auténticos especialistas en este tipo de clonar son los chinos.

Cuando un chino viene a España, lo hace con la idea concreta de montar su propio negocio y prosperar. Quieren ser sus propios jefes, trabajar para otros por un sueldo no es una opción para ellos.

Están dispuestos a hacer todas las horas de trabajo necesarias: dormir en un pisos compartidos junto a otros compatriotas; comer arroz, fideos y verduras cada día; ir de casa al trabajo y del trabajo a casa y ahorrar todo el dinero posible en el menor tiempo posible. Así, hasta tener lo suficiente para levantar su propio negocio.

Para ello, todos utilizan las mismas reglas.

11 reglas del Éxito de los empresarios chinos:

1. No pedir créditos al banco. Se ayudan los unos a los otros prestándose dinero. Ellos prestan dinero porque, en su momento, a ellos también se lo prestaron.

2. Empezar cuanto antes. Por ejemplo, si necesita 20.000 € para comenzar el negocio, una vez obtienen 20.001 € inician la actividad. En la cultura china, trabajar para otra persona que no sea para uno mismo es una deshonra, ellos aspiran a tener siempre su propio

negocio. *"Si te vas a matar trabajando, hazlo para ti mismo"*. Empiezan muy jóvenes: la edad media de emprendimiento de negocio de los empresarios chinos es de 23 años.

3. Lo primero que hacen es un estudio de mercado, buscan barrios humildes con alquileres baratos, pero con mucho potencial.

4. Son negociadores natos, también buscarán un tipo de local barato en el que sus dueños no hayan sabido sacarle provecho fallando en el negocio y así poder negociar el precio a la baja.

5. Copian un negocio existente y lo hacen igual porque ya saben que funciona. El ejemplo lo tenemos en los restaurantes chinos: todos son iguales, la decoración es calcada, la comida es la misma y el trato con el cliente también.

6. Al empresario chino, cuando un negocio le funciona, monta más. No sólo para crecer, sino para diversificar el riesgo. *"No quieren poner todos los huevos en la misma cesta"*, así, si les falla uno, pueden seguir funcionando con los demás.

7. No tienen apego por sus empresas: si un negocio no le funciona, no esperan a acarrear pérdidas. Directamente reaccionan, lo cierran y montan otro diferente.

8. Dan al cliente lo que necesita. Es una de las cosas que los distinguen, con un solo cliente que les pida alguna cosa que no tiene, a las pocas horas ya está buscando proveedor para tener ese artículo en su tienda. *"Escuchan siempre al cliente"*.

9. Trabajan y ahorran algunos años aunque vivan en malas condiciones, aguantan sacrificios extremos por conseguir la meta de su libertad financiera. Si un trabajador chino cobra 600€ puede llegar a ahorrar 550€ porque no salen, no gastan, son esclavos de sus metas y, una vez que las alcanzan, se dan todo tipo de lujos. Al

revés que los occidentales: primero se endeudan para comprar y después son esclavos de sus deudas toda la vida.

10. Evitan los sectores saturados. Cuando un sector está saturado buscan otros, son especialistas en detectar ideas de negocio donde nosotros no somos capaces de encontrarlo. Por ejemplo, al principio comenzaron con restaurantes, después, tiendas de todo a cien, siguieron con peluquerías, fruterías, tiendas de ropa, etc.

11. Pagan sus impuestos. La mitad de los chinos que hay en España son autónomos, eso significa que tienen negocios y la otra mitad trabaja para conseguirlo.

61. LA MENTE MILLONARIA

¿Sabes cuál es la diferencia que hay de una persona rica a una pobre?

"La forma de pensar"

Las 20 reglas de la mente millonaria

Los ricos piensan en crear su propia vida. Los pobres, que la vida es algo que les viene dado.

Si tú piensas que la culpa de no prosperar es del gobierno, de la sociedad o de la suerte, tendrás una vida simple. **Hasta que no cambies tu manera de pensar no te harás con las riendas de tu vida.** *Si las tienes, puedes cambiar todo lo que deseas y ten por seguro que lo conseguirás. Debes marcar unos objetivos y pensar que todo es posible.* **Tus únicas limitaciones están en tu mente.**

Los ricos juegan a ganar. Los pobres a no perder.

Los ricos se comprometen a ser ricos. En cambio, los pobres desearían ser ricos.

Los ricos hacen de su vida su propia película. Mientras que los pobres se conforman simplemente con verla.

Los ricos hacen que las cosas sucedan, firman un contrato consigo mismos para tener una vida mejor. Los pobres juegan a las loterías, piensan que eso lo sacaran de pobres.

Los ricos piensan en grande. Los pobres en pequeño.

Los ricos se centran en las oportunidades. Los pobres, en los obstáculos.

Para un rico, la crisis es una oportunidad. Para un pobre, es pasar miseria.

Los ricos admiran a las personas prósperas. Los pobres, las envidian.

Los ricos se relacionan con personas ricas y prósperas. Los pobres se relacionan con personas sin éxito y no creen en las oportunidades.

Analiza la vida de Amancio Ortega, Steve Jobs, Jack Ma, etc. Cuáles son sus éxitos, cómo comenzaron, cuáles son sus virtudes y sus miedos. **Te llevaras una sorpresa al saber que han empezado tan de cero como tú.**

Los ricos se saben venderse y promocionar a sí mismos. Los pobres piensan de forma negativa de la venta y la autopromoción.

"Empieza a trabajar tu marca personal, ella te llevara al éxito".

Los ricos son más grandes que sus problemas. Los pobres son más pequeños que sus problemas.

Los ricos son excelentes receptores. Los pobres son malísimos receptores.

Los ricos exigen que se les paguen según sus resultados. Los pobres exigen que se les paguen por días trabajados.

Los ricos piensan en conseguirlo todo. Los pobres piensan en conservar su trabajo.

Los ricos se centran en su fortuna neta. Los pobres en lo que ganan a final de mes.

Los ricos administran bien su dinero. Los pobres se lo gastan todo.

Los ricos hacen que su dinero trabaje para ellos. Los pobres trabajan mucho para conseguir poco dinero.

Los ricos actúan a pesar del miedo. Los pobres no actúan por miedo.

Los ricos aprenden y crecen constantemente Los pobres piensan que ya lo saben todo.

No busques trabajo. ¡Créalo!

www.ingramcontent.com/pod-product-compliance
Lightning Source LLC
Chambersburg PA
CBHW070632220526
45466CB00001B/154